Arthur Denis

Mémoires du Shérif de Champêtre County

La nouvelle plume

MÉMOIRES DU SHÉRIF DE CHAMPÊTRE COUNTY
Denis, Arthur

Les Éditions de la nouvelle plume remercient Patrimoine canadien pour le soutien financier apporté à la publication de cet ouvrage.

Maquette de couverture : infoGraphiques

Photo de couverture : Yvan LeBel, de la publication *Saveurs et savoirs*
(Collaboration de l'Institut français)

Mise en page : fastpixel communications

Photos : Collection privée d'Arthur et Thérèse Denis.

Dépôt légal 2ᵉ trimestre 2014, Bibliothèque et Archives Canada

Les Éditions de la nouvelle plume
3850, rue Hillsdale, bureau 130
Regina (Saskatchewan) Canada   S4S 7J5
306-352-7435
nouvelleplume@sasktel.net
www.nouvelleplume.com

ISBN 978-2-924237-02-1

Mémoires du Shérif de Champêtre County

par Arthur Denis

PROLOGUE

La vie d'Arthur Denis se lit comme un roman. Le Shérif de Champêtre County prend ici sa plume pour raconter les épisodes les plus marquants d'une vie aventureuse plus grande que nature. Sa vie est profondément marquée par sa foi en Dieu et ses anges gardiens, à qui il donne permission de veiller sur lui, et qui le protègent.

Il parle de ses origines modestes dans le village fransaskois de Saint-Denis et de sa vie consacrée à sa famille et à l'agriculture. Il raconte comment son implication sociale dans sa communauté et son engagement à la cause fransaskoise ont aussi contribué à le définir. À l'aube de la cinquantaine, avec son épouse Thérèse, il se lance dans le tourisme et crée le ranch Champêtre County.

Au centre de l'entreprise, se trouve le shérif, personnage de légendes, authentique maître des lieux et l'idole des enfants et des adultes qui ont la chance de le côtoyer lors de leurs visites au domaine.

Chaque page présente les personnages et les lieux qui ont marqué Arthur Denis et témoigne de la vie du célèbre cow-boy de Champêtre County.

Note de l'éditeur : Afin de respecter la qualité particulière du conteur Arthur Denis, nous avons souhaité que la forme d'écriture de ses histoires reste le plus près possible de son style oral unique.

PRÉAMBULE

En l'an 2000, l'inspiration m'est venue d'écrire mon histoire. Durant une visite chez ma fille Chantal, à Montréal, à l'occasion de la naissance de mon petit-fils Charles-Edouard, j'ai commencé et réussi à écrire une cinquantaine de pages. De retour à la maison toutefois, j'ai perdu intérêt, et c'est un miracle si, pendant les années qui suivirent, je n'ai jamais perdu ce texte.

Plusieurs évènements sont survenus pour me rafraîchir la mémoire.

Un jour, alors que je me confessais à l'abbé Maurice Lévesque, il me dit que je devrais écrire des lettres à mes petits-enfants pour leur parler de l'influence de Dieu dans ma vie. J'ai pensé que ce serait difficile, car je n'aime pas écrire, mais par la suite, j'ai eu l'idée de plutôt continuer à écrire mes mémoires en mettant l'accent sur la part que la divine Providence avait jouée dans ma vie.

Quelques mois plus tard, mon père me suggéra d'écrire l'histoire de ma vie au bénéfice de la famille. Ma question pour lui fut : « Pourquoi? » et j'ai continué en lui disant que si c'était pour me glorifier et glorifier notre famille, la réponse serait négative. Si c'était pour montrer de quelles manières merveilleuses Dieu avait agi et agissait encore dans ma vie, pour me rapprocher de Lui et pour le louanger, alors cela m'intéressait.

Puis, en 2009, au mois de mars, j'assistai à la retraite *Prayer Warriors* à Bruno, pendant une semaine. Au cours de cette retraite, une femme m'approcha et me demanda si je la laisserais prier sur moi. Je fus surpris par cette requête, mais comme j'avais déjà entendu parler de ces prières, et sachant que je n'avais rien à perdre, j'acceptai. Après avoir prié un certain temps, elle commença à décrire mon grand-père et ma grand-mère. À ma surprise, c'était tel que je me les rappelais. Ensuite, elle me dit qu'elle voyait mon grand-père rire, tenant un livre dans ses mains. Elle me demanda ensuite si j'avais déjà écrit un livre. Je répondis non, mais que j'y pensais. Elle me dit que je devrais m'y mettre.

Tout ceci est bien beau, mais je ne sais pas me servir d'un ordinateur et ma main d'écriture est affreuse, alors qui serait bien capable de déchiffrer tout ce matériel et le taper sur l'ordinateur? Un jour, j'en parle à Stéphanie, la plus jeune de nos filles, qui habite à Saskatoon. Après avoir regardé mes textes, elle me dit qu'elle vient juste de quitter un emploi à temps partiel et elle m'offre de dactylographier mes histoires. Eh bien, vous devinez que je n'ai pas hésité longtemps à les lui donner; et en très peu de temps, tout était transcrit. Par la suite, comme de raison, Stéphanie ayant souvent dû deviner ce que j'avais écrit, il fallut m'asseoir avec elle pour réviser le texte.

Un soir, je donne ces histoires à mon père. Après les avoir lues, il me demande s'il peut les montrer à Monique, la voisine, qui est aussi mon ancienne maîtresse d'école. J'accepte. Après les avoir lues à son tour, Monique me les remet en me disant que les histoires sont très intéressantes, mais contiennent plusieurs erreurs de grammaire et de structure de phrase. Je lui demande si elle les corrigerait; à ma surprise, elle accepte. Et voilà que dans le temps de le dire, je réalise qu'avec les ordinateurs, tout peut se faire par courriel! J'écris et remets chaque chapitre à Stéphanie. Elle m'envoie par courriel le texte tapé. Au téléphone, nous révisons l'histoire. Ensuite, Stéphanie l'expédie à Monique. Une fois le texte corrigé, celle-ci me le renvoie, ainsi qu'à Stéphanie, pour nos dossiers, ce qui fait que maintenant nous avons chacun une copie du manuscrit.

Après toutes ces années de procrastination, par miracle, tout tombe en place et je suis bien obligé de me remettre à écrire. Je remercie beaucoup Stéphanie et Monique, car sans leur aide, leur patience, leurs suggestions, je suis certain que ce projet serait tombé à l'eau.

Aussi, je remercie beaucoup mon père, l'abbé Maurice Lévesque et une certaine dame Florizone qui m'ont donné une raison de mettre mes expériences sur papier en y notant surtout les interventions de Dieu.

Si j'ai écrit mes mémoires, ce n'est pas pour ma gloire, mais pour montrer à mes enfants, à mes petits-enfants et à tous ceux qui vont lire ce recueil, que notre Dieu, nos anges gardiens et nos saints patrons sont beaucoup plus actifs et proches de nous qu'on le croit. Ils sont prêts à nous aider dans toute chose petite et grande, banale ou importante, mais il faut leur demander et leur donner la permission d'agir dans notre vie.

Je suis loin d'être un modèle à suivre sur la manière de prier, méditer et adorer, mais mes expériences de vie me donnent la certitude que Dieu nous prend tels qu'on est. Et je ne veux pas en rester là dans mon cheminement : je veux continuer à répandre l'amour de Dieu sur ceux qui m'entourent et je veux bien être Son instrument pour diriger le plus de monde possible au ciel.

Dans ces histoires, il est question des gens qui m'ont aidé tout au long de ma vie, mais aussi de ceux qui m'ont donné du fil à retordre. Je raconte ces histoires d'après ma perspective personnelle; sans aucun doute, ces gens auraient leur propre façon de voir les mêmes situations. Après tout, on dit que chaque récit a trois versions… Je remercie de tout cœur tous ceux qui m'ont apporté cette aide précieuse, mais je remercie aussi les autres, car toutes ces expériences m'ont fait grandir et m'ont rapproché de Dieu.

En terminant, je veux remercier mon épouse, Thérèse, ma douce moitié, qui a été si patiente avec moi. Je sais que je l'ai souvent fait souffrir, soit dans les situations où elle me voyait mal pris ou en danger, soit par manque de considération de ma part pour ses besoins, soit par pur égoïsme. Oui, combien de fois aurait-elle pu se révolter, mais avec sa confiance inébranlable en moi et combien de larmes cachées, elle m'a conduit à l'amour de Dieu. Le but du mariage est d'emmener son conjoint à Dieu : elle y est arrivée. Merci.

Première partie

Jeunesse

Chapitre 1

Les ancêtres

Je crois que ça vaut la peine de parler d'abord brièvement de mes ancêtres pour donner une meilleure idée d'où vient mon caractère.

Lorsque l'on connaît l'âge qu'avaient nos pionniers lorsqu'ils ont décidé de s'expatrier et les temps durs qu'ils ont traversés, on peut imaginer que le courage et la détermination qui les animaient se sont transmis de génération en génération.

Mes grands-parents maternels venaient de la Hollande et de la Belgique. Mon arrière-grand-père, Pierre Paul Hounjet, âgé de soixante-deux ans et son épouse, Hubertine Klinkenberg, âgée de cinquante et un ans, sont arrivés au Canada avec leur famille en 1906.

L'arrière-grand-père Hounjet est mort sur son *homestead* après une longue maladie, le 26 janvier 1909, à l'âge de soixante-cinq ans.

Mon arrière-grand-mère Hubertine est morte en 1916 à l'âge de soixante et un ans, douze heures après avoir été brûlée par son poêle.

Son fils, mon grand-père Pierre Hubert Hounjet, est né le 12 novembre 1875. Il déménagea au Canada à l'âge de trente ans. En 1920, à l'âge de quarante-cinq ans, il retourna en Belgique épouser Anna Julémont qui avait seulement trente-cinq ans. De ce mariage est issue ma mère Hubertine ainsi que trois autres enfants.

Le père de ma grand-mère Anna Julémont, est décédé chez elle. À cause du temps froid, son corps fut gardé dans une chambre à l'arrière de la maison pendant une semaine. Pierre Hounjet fils, le frère de ma mère, est aussi mort cet hiver-là à l'âge de dix ans.

Anna Julémont est décédée en 1948 à l'âge de soixante-trois ans. Pierre, mon grand-père Hounjet, habita chez mon père jusqu'à sa mort en 1953 à l'âge de soixante-dix-huit ans. J'ai encore des souvenirs de lui. Il nous bâtissait des bateaux, des brouettes, etc. Durant sa vie d'agriculteur, il s'est impliqué dans les écoles, le téléphone, la municipalité. Il apprit l'anglais par lui-même. Mes grands-mères n'ont jamais appris l'anglais. Mon grand-père Pierre était un très bon mécanicien.

Hubertine, ma mère, est née le 22 juin 1922, à la maison. Elle était le *tomboy* de la famille; elle aidait beaucoup son père sur la ferme et par conséquent était très proche de lui. Durant sa vie, les familles des deux frères Hounjet, Pierre et Joseph, vivaient dans la même maison. Pendant neuf ans le grand-père Julémont y était aussi. D'après ce que ma mère me raconta, la vie ne fut pas toujours rose, car les deux sœurs et les deux frères avaient des tempéraments très différents. C'est peut-être pour cette raison que ma mère et ses deux sœurs furent si proches.

Ma parenté Denis venait de la France. L'arrière-arrière-grand-père Louis est mort à quarante ans en tombant d'un arbre. Il s'est fracassé le crâne.

Léon, mon arrière-grand-père, le troisième des enfants de Louis, est né le 10 avril 1862. Il maria Héloise Bon, en France, le 22 novembre 1884 à l'âge de vingt-deux ans. Léon était cordonnier et avait un magasin. Après ses trois premiers enfants, il se mit à aller à la messe, le seul homme dans l'église, et son commerce fermait le dimanche.

En 1899, avec son épouse et cinq enfants, Léon part pour la Nouvelle-Calédonie, un archipel près de l'Australie. Il n'y a pas d'hiver là-bas. Il achète un magasin à La Foa, une petite commune de la Province Sud. Après trois ans, Héloise tombe malade et veut retourner en France. Finie la chance d'être né dans un pays exotique et chaud! Je vais essayer de pardonner ce coup dur à mon arrière-grand-mère. Elle mourut à l'âge de trente-huit ans. Comme ses garçons étaient presque tous d'âge militaire, Léon, au mois de mai 1905, envoie Clotaire, son fils âgé de dix-huit ans, comme éclaireur dans ce nouveau pays lointain, le Canada. Clotaire annonça plus tard par courrier qu'un *homestead* avait été choisi.

Léon, veuf, se remarie à quarante-deux ans à Fernande Lefarchoux âgée de vingt et un ans. À l'automne 1905, il arrive en Saskatchewan avec toute sa famille. De 1911 à 1913, Léon crée l'agence de John Deere et la cour à bois à Hovell. Après une défaillance cardiaque et la mort de son fils Clodomir, il revient à Saint-Denis. Pendant l'hiver, à cause du manque d'abri pour les animaux et du manque de bois de chauffage pour les maisons, il s'installe à Witchiken, près de Laventure, comme rancher (grand éleveur), mais en 1918, il revient pour de bon à Saint-Denis.

Le 2 juillet 1941, Léon succombe à sa maladie de cœur à l'âge de soixante-dix-neuf ans. Avant sa mort, il prie la Sainte Vierge de venir le prendre rapidement pour ne pas être un fardeau à sa famille. Il meurt à la maison et comme, à cette époque, il n'y avait pas d'embaumement, Fernand, son fils, me raconta qu'il mettait de la térébenthine aux fenêtres et aux portes pour enlever l'odeur du corps.

Mon grand-père Clotaire, fils de Léon, est né le 14 décembre 1886 à Courcelles, France. À l'âge de treize ans, il avait suivi sa famille en Nouvelle-Calédonie, avant d'être envoyé comme éclaireur par son père au Canada, à l'âge de dix-huit ans.

Clotaire avait l'œil sur une fille de quinze ans, Justa Haudegand, mais la trouvait trop jeune. Il voulut attendre, mais ne fut pas récompensé, car Clodomir, son jeune frère, le devança. Trois ans plus tard, en 1913, Clodomir se meurt d'une maladie. Avant de mourir, il demande à Clotaire de prendre soin de Justa et leurs deux enfants. Six ans plus tard, il mariait Justa à Victoire.

Clotaire apprend par lui-même l'anglais écrit et parlé. Il s'implique dans toutes les activités françaises et religieuses de son temps. Il possédait un grand cœur et un grand sens de la communauté, et faisait preuve d'une grande charité envers les siens et les autres cultures, ce qui explique pourquoi il était respecté de tous. Après quatre ans au foyer St. Ann à Saskatoon, il est décédé le 24 janvier 1978.

Justa Haudegand, l'épouse de Clotaire et ma grand-mère, n'apprit jamais l'anglais. Elle vécut quelques années à Witchiken, mais n'a jamais aimé l'endroit, car elle avait peur des feux de forêt et des Indiens. Comme pour toute femme de cette époque, la vie fut difficile, mais elle était très patiente et douce. Justa rendit l'âme le 20 septembre 1966 à l'âge de soixante et onze ans.

Clotaire fils, mon père, est né le 14 novembre 1916. À cause de mauvaise santé, Justa revint à Saint-Denis donner naissance à Clotaire. Après une jeunesse normale pour cette époque, le 25 novembre 1942, il mariait Hubertine Hounjet. Ils vécurent les deux premières années chez ses parents à lui, Clotaire et Justa. Puis, Clotaire fils acheta la « terre à Lefrançois » située un mille au nord de chez ses parents. Le fils suivit les traces de son père et s'impliqua dans les organismes français, les écoles, les municipalités, sa foi et les entreprises. Il semblait incapable de garder rancune et était respecté de tous. Il perdit beaucoup d'argent dans les entreprises, mais ceci ne semblait pas l'affecter. Aider les autres semblait être ce qui le faisait vivre.

Mes ancêtres n'avaient peur de rien. L'âge, les difficultés et le risque ne les empêchaient pas d'entreprendre de nouvelles démarches dans leur vie, et ils se donnaient cœur et âme pour leur famille, leur communauté et leur Dieu. Oui, c'est de cette lignée fière et courageuse que je suis né le 15 novembre 1945, à l'Hôpital St. Paul de Saskatoon, juste après la fin de la Deuxième Guerre mondiale : Arthur Joseph Denis, fils de Clotaire et Hubertine Denis. J'arrivais après mes aînés Anne-Marie et Laurent (décédé accidentellement). Cinq autres frères et sœurs virent le jour après moi : Normand, Thérèse, Germaine, André et Laurent, nommé en l'honneur de son aîné décédé. D'après ma mère, je suis arrivé dix jours en retard; ce n'est pas surprenant étant donné le froid qu'il faisait dehors. Je fus baptisé à l'hôpital, car à l'époque, on ne savait jamais si les bébés survivraient longtemps.

Chapitre 2

Ma jeunesse

Jeunes mariés, mes parents avaient emménagé dans leur nouvelle maison, qui n'était pas beaucoup plus qu'un *shack*, sur le terrain qu'ils venaient juste d'acheter. Le bâtiment avait deux étages. Au rez-de-chaussée, il y avait la cuisine, un corridor et la chambre de mes parents. En haut, deux chambres à coucher, une pour les filles et l'autre pour les garçons. La salle de bains au début : des pots de chambre et, pour se baigner, une cuvette dans la chambre de nos parents. Comme je n'aimais pas ça me laver, je jouais dans l'eau avec mes mains en faisant du bruit et après dix minutes, je sortais aussi propre qu'avant de monter dans la cuvette. Après quelques semaines, ma mère s'est aperçue que je faisais semblant de me laver, donc pour plusieurs semaines, j'avais ma mère comme inspectrice durant mon bain. Un peu humiliant!

La toilette subit beaucoup de changements par la suite. À l'origine, chaque matin, on devait vider dehors le pot de chambre ou le « potte » comme on l'appelait. Un peu plus tard, mon père installa une toilette avec un tuyau qui déversait directement dans le réservoir septique. On avait toujours peur de tomber dans ce trou, alors comme petits garçons, on visait de loin. Le problème était que chaque automne et printemps on devait vider le réservoir. Les camions qui s'occupent de nettoyer les réservoirs septiques n'existaient pas encore, alors un bon samedi, papa ouvrait un trou sur le haut du réservoir qui était scellé avec du goudron, et on devait vider ce réservoir avec des chaudières. Papa remplissait les seaux et nous, les garçons, devions monter les escaliers, traverser la cuisine et jeter le contenu dans le champ contre la maison. Toute la journée, un va-et-vient continuel. Pauvre maman qui devait endurer que sa cuisine se fasse salir, en plus de la mauvaise odeur, mais je ne me rappelle pas l'avoir entendue se plaindre. Plus tard nous avons eu une toilette avec une pédale et un peu d'eau ainsi qu'une vraie baignoire. Les douches furent non existantes jusqu'à ce que je sois au collège. J'ai vécu une partie de mon enfance en passant jusqu'à une semaine ou deux sans prendre de bain, malgré la poussière et la sueur, cela explique peut-être pourquoi aujourd'hui je me sens allergique à l'eau.

Puisque cette maison n'était isolée d'aucune façon, l'automne avait son rituel. Lors d'une belle journée, il fallait mettre les fenêtres doubles qui avaient été rangées dans une grange pour l'été. La fenêtre devait être mise par-dessus l'autre fenêtre, l'équivalent d'un *double-pane window* d'aujourd'hui. Bien que les fenêtres fussent identifiées, c'était toujours un casse-tête de savoir où elles allaient. Grimper sur une échelle en bois en portant la fenêtre n'était pas facile. Ces fenêtres empêchaient le vent d'entrer dans la maison, mais elles n'avaient pas grand effet contre les froids de -20 °C à -40 °C. Avoir un pouce ou deux de gelée ou de neige à l'intérieur des fenêtres n'était pas hors de l'ordinaire. Enfants, nous nous amusions à dessiner sur le frimas. Après avoir posé nos fenêtres, on prenait des balles de foin pour les mettre tout autour de la maison, contre le sol. Après une bordée de neige ou deux, nous pelletions cette neige contre la maison jusqu'au bas des fenêtres.

Malgré toutes ces précautions, la maison n'était pas chaude. On gardait nos bottes de feutre en tout temps et lorsque l'on sautait dans notre lit, on ne grouillait plus et on se recroquevillait les uns contre les autres.

Les fournaises aussi ont changé drastiquement. Au début, c'était le poêle à bois qui agissait comme fournaise, poêle de cuisson et chaufferette à eau. C'était bien durant la journée, car maman était toujours en train de faire de la cuisine, mais la nuit et le matin c'était une autre histoire. On ne voulait pas sortir du lit qui était maintenant chaud pour sauter dans des vêtements glacés. Mais après plusieurs appels de nos parents, on devait se rendre à l'évidence qu'on n'était pas des ours et hiverner comme eux était hors de question. Avec le temps, mon père acheta une nouvelle fournaise appelée un *Booker*. Celle-ci était dans la cave et utilisait du charbon comme combustible. Grâce à cette invention, il faisait beaucoup plus chaud jour et nuit, et sans être comparable à ce que nous avons de nos jours, c'était un luxe comparativement au poêle à bois. Avec ce nouveau changement, il fallut aménager un réservoir à charbon dans la cave avec une ouverture pour y accéder de l'extérieur.

À l'automne, on transportait, à l'aide d'un camion d'une tonne, du charbon qui était déchargé dans un endroit spécial. Rendus à Vonda, mon père visitait l'oncle Zénon Lepage pendant que nous, les garçons, pelletions le charbon dans la boîte du camion. De retour à la maison, nous vidions le contenu du camion dans le trou du réservoir à charbon et nous étions prêts pour l'hiver. Comme de raison, avec le charbon, comme avec le bois, il y a les cendres. C'était la tâche des jeunes de sortir les cendres et de les jeter sur un tas prévu exprès pour cela. Avec cette fournaise, il fallait utilisait un *damper* pour contrôler la chaleur de plus près car la cheminée pouvait rougir et les risques de feu étaient bien réels.

Après le *Booker* ce fut la fournaise à l'huile (chaudière à mazout) avec son thermostat. Le ciel sur terre. Plus de cendres, plus de pelletage et coupage, et une chaleur presque constante. La belle vie!

En ce qui concerne l'eau, nous étions gâtés, car en 1947, à la naissance de mon frère Normand, mon père creusa une citerne de huit mille gallons sous la cave, reliée à une pompe manuelle dans la cuisine. On avait ainsi de l'eau courante durant toute l'année. Cette citerne avait été creusée à la main. Une personne creuse et remplit, à la pelle, des seaux que d'autres hommes portent dehors. Quelle tâche énorme! La citerne fonctionne encore aujourd'hui.

D'après ce que je décris, on pourrait croire que la vie était difficile et monotone, mais comme enfants, on avait le temps de jouer. Lorsque maman plantait son jardin, nous, les garçons, nous construisions des chemins dans le jardin. Nos *graders*, nos *bulldozers* étaient fabriqués de boîtes de conserve ou autres objets trouvés. Comme de raison, ces machines faisaient du bruit, tournaient à l'envers et effectuaient toutes les autres complications de machinerie. Une fois les chemins finis, les camions, wagons et autres objets qui y circuleraient étaient inventés. Ceci nous gardait occupés dans nos temps libres. L'hiver, les mêmes jeux continuaient, mais dans la neige.

À mesure qu'on grandissait, nos jeux évoluaient. Les cowboys et Indiens firent partie de notre vie jusqu'à nos treize ou quatorze ans. Bien sûr, nos parents ne voulaient pas nous acheter de vrais fusils et étuis, alors on les fabriquait nous-mêmes. Un beau dimanche nous sommes allés visiter mon oncle Léon. Naturellement, les cowboys et Indiens se sont mis dans le jeu. À la brunante, je me sauvais et j'ai sauté par-dessus le corral. À ma surprise, j'atterris dans deux pieds de merde. J'en suis sorti et j'ai essayé par tous les moyens de me nettoyer, mais plus tard, lorsqu'on est entrés dans la maison pour regarder la télévision, tout le monde a senti une horrible odeur. Je suis resté bien tranquille afin que personne ne puisse distinguer d'où elle venait.

Avec le temps, les chevaux entrèrent dans le jeu. Tomber en bas du cheval une fois mort ou se jeter au sol pour se sauver faisait partie du jeu. Je ne sais pas si nos parents étaient au courant de nos aventures.

Un autre souvenir de ma jeunesse est le lavage du linge. Cela était exécuté ordinairement le lundi. Avec du linge pour sept à dix personnes, qui n'incluait pas les draps des lits, c'était le travail d'une pleine journée. Le linge était toujours mis à sécher sur une corde dehors. En été, pas de problème, mais à l'hiver, c'était une autre paire de manches. Accrocher ces vêtements mouillés dans des températures sous zéro était très dur sur les doigts. Le *freeze dried* n'est pas né d'hier! Après avoir frappé le linge gelé pour en enlever les glaçons, le tout rentrait dans la maison et devaient être accroché de nouveau sur des cordes, sur le dos des chaises, sur un séchoir en bois, bref sur tout objet dont la forme et la taille permettaient d'y déposer un morceau. Ensuite, maman devait tout repasser. Puis, pour finir la journée, elle pouvait se reposer dans sa chaise en raccommodant les trous dans les bas et les culottes déchirées.

Je crois que malgré les temps durs, mon père voulait rendre la vie de ma mère plus facile, car il acheta une machine à laver munie d'un moteur à gaz. Comme de raison, il fallait un tuyau pour laisser le gaz s'échapper dehors. Je ne sais pas si c'est papa ou maman – peut-être le grand-père Hounjet – qui démarrait le moteur. En tout cas, c'était mieux que laver à la main, mais cette grande commodité n'enlevait pas la nécessité de vider l'eau sale dehors avec un seau.

À cause du fardeau du lavage, on changeait de vêtements seulement une fois par semaine; les draps de lit, toutes les deux ou trois semaines, dépendant combien de fois tu les tournais de bord.

Après avoir vécu ces expériences, j'ai de la misère avec notre vie d'aujourd'hui où l'on se change une fois par jour et on se lave une à deux fois par jour. Oui, la vie devait être beaucoup plus propre dans ce temps-là!

Dans les années 1950, mon père acheta un moulin à vent dont on se servait pour générer de l'électricité. Cette électricité était de trente-deux volts, comparativement aux standards de cent dix et deux cent vingt volts d'aujourd'hui. Ce moulin devait avoir quarante pieds de haut et était installé juste à côté de la maison. À part de générer de l'électricité, la tour était un bon endroit où faire les singes pour des petits garçons. Comme réservoir pour l'électricité, nous avions besoin de seize batteries pour stocker nos trente-deux volts; autrement dit, deux volts par batterie. On devait avoir soixante-quatre de ces batteries qui étaient faites en vitre et mesuraient quatorze pouces de haut par huit pouces de large.

Avec l'arrivée du moulin à vent, les jours des lanternes ont vu leur fin. En plus de fournir de l'électricité pour les lumières, il faisait marcher le moteur pour la laveuse et bien d'autres petites choses qui amélioraient la vie.

Le moulin à vent fonctionna jusqu'en 1954, date à laquelle l'électricité du gouvernement entra en jeu.

Le réfrigérateur est un autre article qu'on tient pour acquis aujourd'hui. Avant son arrivée, mon père fabriqua une glacière. On commence par creuser un trou dans la terre de huit à dix pieds de profondeur. La nôtre avait des côtés faits avec des roches cimentées. Cette glacière n'était pas loin de l'étable et avait une cabane dessus qui servait de *pump house* pour fournir l'eau aux animaux l'hiver. Au mois de février ou mars, un camion venait avec des cubes de glace d'un pied carré. Ceux-ci étaient placés dans le trou avec du bran de scie entre chaque rang de glace. Le trou était rempli à trois pieds du plafond. On pouvait y mettre le lait, la crème et même de la viande pour les garder au froid. À mesure que la glace fondait, on avait plus de place pour manœuvrer. Rendu au mois d'octobre, cette glace avait complètement fondu, mais l'hiver arrivait avec son propre réfrigérateur. Quant à la viande, après boucherie, on pouvait l'enterrer dans le blé qui pouvait garder la viande gelée jusqu'au printemps.

Dans les années 1950, le gouvernement payait deux sous par queue de *gopher*[1], corneille et pie et un sou pour les œufs de ces oiseaux-là. On a vite appris à être entrepreneurs et bandits. La chasse se faisait surtout le samedi, alors on mettait le tout dans le congélateur et quant aux œufs, on les cassait et on prenait le

---

1 *Gopher* : spermophile, petit rongeur voisin de l'écureuil qui cause beaucoup de dommage dans les champs.

petit à l'intérieur pour 1 sou de plus. Le lundi, on apportait le tout à la maîtresse d'école et elle marquait nos prises dans un cahier. On s'est vite aperçu qu'elle ne voulait pas les compter, alors on gonflait nos statistiques. Après les avoir jetés dehors, on retournait les ramasser et la senteur n'était pas la meilleure. On les rapportait à la maîtresse le lendemain. C'était notre première expérience à tricher le gouvernement. Je crois n'avoir jamais rapporté ceci au confessionnal. Contrôler cette peste, ça nous gardait occupés et en très bonne forme, car il fallait grimper des arbres parfois dangereux. Courir après les *gophers* était une autre chose : on devait aller chercher de l'eau pour mettre dans le trou et ensuite frapper le *gopher* avant qu'il se sauve lorsqu'il sortait pour éviter de se noyer. Ce n'est pas la chaleur qui nous arrêtait.

Une de nos obligations était de faire le train, autrement dit soigner les animaux. Ça voulait dire donner du foin, de la moulée et de la litière (de la paille étendue avec la fourche pour faire un lit pour les animaux) à cent cinquante têtes. Il fallait aussi soigner les poules et traire les vaches, le tout avant d'aller à l'école. L'hiver n'était pas trop pire, mais au printemps, le fumier des animaux fondait et devenait comme de la soupe. Avec nos bottes de caoutchouc, on portait un seau de moulée dans chaque main pour les mettre dans les auges. Des fois, nos bottes restaient prises et avec l'élan, la botte restait là et nous voilà à pieds de bas... Je ne sais pas comment ma mère acceptait cela.

Au printemps, mon père vendait des animaux. C'était le *round-up*. Il fallait séparer ceux qu'on voulait vendre et les rentrer dans l'étable, encore une fois, dans cette fameuse soupe. On a appris à manger de la merde à un très jeune âge. Avec dix, quinze animaux excités dans l'étable, il fallait les forcer à monter dans la boîte du camion. Qu'on ne se soit jamais fait ruer sérieusement est un miracle. Encore une fois, on faisait cela avant d'aller à l'école.

Papa avait cinq à six pâturages. Durant l'été, il fallait déménager les animaux. Même si on avait deux chevaux, on n'avait pas de selle alors tout se faisait à la course. Courir des heures sans arrêter sans aucune eau à boire était normal pour nous. En comparaison à nos jeunes d'aujourd'hui, on devait être en forme.

À mesure qu'on grandissait, nos responsabilités augmentaient. C'est le samedi que l'on devait vacciner, couper les cornes, castrer les mâles, avec une *chute* qui retenait avec peine ces animaux surexcités. Je ne sais pas quel âge j'avais quand j'ai coupé ma première corne et castré mon premier bœuf. Dans le temps, c'était fait avec un couteau et souvent les pattes de l'animal nous frôlaient. La sueur nous coulait sur le front. Aujourd'hui, mon frère André le fait seul avec sa femme, la technologie a changé.

On avait aussi des poules. Des œufs par douzaine. Quelle meilleure façon de savoir si tu avais frappé ta cible! Les murs ont vite changé de couleur. Ensuite, par curiosité scientifique, on voulait savoir combien de temps une poule pouvait tenir sa respiration sous l'eau. Après une dizaine de poules, on a dû conclure que le temps était pareil d'une à l'autre.

Une autre tâche du samedi, pendant l'automne et l'hiver, était de faire de la moulée et hacher de la paille avec un hachoir (*hammer-mill*) activé par un tracteur et une grande courroie. Pour la moulée, tous les enfants avaient un seau. On allait chercher l'orge ou le blé dans une grange et le portions au *hammer-mill*. Étant trop petits pour vider le seau, nous grimpions sur un bloc. Toute la journée, le même va-et-vient. Je ne me rappelle pas avoir rouspété, mais je suis certain que mon père a dû faire toutes sortes de promesses pour nous garder à notre poste. Le printemps était aussi le temps du criblage, soit le nettoyage du grain pour la semence. Encore une fois, il fallait prendre le grain de semence d'une grange, le mettre dans le crible, la machine qui nettoie le grain, et ensuite prendre le grain propre et le mettre ailleurs. Quel travail monotone pour des jeunes qui ont de l'énergie à mettre ailleurs!

L'hiver et le printemps, il fallait nettoyer l'étable avec le *stone boat*[2] tiré par deux chevaux. Avec des fourches, on remplissait celui-ci avec le fumier accumulé durant l'hiver et ensuite, debout sur la charge, on allait le décharger dans le champ. Pour les vaches à lait, ce n'était pas trop pénible, mais l'ammoniac contenu dans le fumier des poules nous faisait pleurer et nous nettoyait les narines un peu trop en profondeur.

Je me souviens de la fameuse cabine ou *caboose*[3], que mon père et le grand-père Hounjet ont bâti dans l'étable. Celle-ci était complètement hermétique et munie d'un petit poêle à bois. Elle avait une porte de chaque côté et une fenêtre à l'avant qui s'ouvrait pour permettre de parler aux chevaux ou pour mieux voir le chemin car la chaleur embuait la fenêtre. Tirée par deux chevaux, la *caboose* traversait les champs. Avec le temps, une piste se formait et les chevaux la suivaient sans être guidés. On l'utilisait pour aller à la messe le dimanche, mais c'est de la sortie pour la messe de minuit dont je me rappelle le mieux. À l'occasion de la naissance de ma sœur Germaine, née le 16 janvier 1956, ce fut la dernière fois que nous nous sommes servis de la *caboose*. Mon père dit à mon frère Laurent, maintenant décédé, et moi, de

---

2 *Stone boat* : traîneau en acier utilisé pour ramasser les roches dans les champs.
3 Cabine : petite construction montée sur des patins de traîneau qui servait d'abri pour les voyageurs. Elle était plus souvent appelée *caboose*.

la préparer, car il emmenait ma mère à la route 5 et de là, un taxi allait la conduire en ville. Après avoir allumé le poêle et attelé les chevaux, on salua nos parents qui nous laissaient responsables de la ferme. Comme on était fiers!

Aussitôt les vacances d'été commencées, on devait faire les foins. On avait une faucheuse de six pieds tirée par un petit tracteur. Cette tâche était ma responsabilité. J'étais trop petit pour relever la faux pour le transport, mais je pouvais conduire le tracteur. Dans ce temps-là, on fauchait tous les étangs qu'on pouvait. Souvent, dans ces étangs, il y avait des canaux de rats musqués. Pendant des semaines je coupais et après c'était le râtelage pour mettre le foin en rang. Quelle job monotone, mais j'étais un homme, grandi par le travail. La première balle de foin était attachée avec de la broche, d'où le dicton : une emmanchure de broche à foin. Ensuite nous devions ramasser ces balles. Deux gars jetaient les balles dans le camion et une personne les plaçait. Encore ma job. Je ne comprends pas comment j'ai fait pour ne pas tomber en bas, car quand le camion frappait un trou la charge penchait dangereusement. C'était un défi de faire une charge qui allait se rendre à la maison sans rien perdre de notre précieux cargo.

Une année, après avoir ramassé des balles de foin toute la journée dans la grande chaleur, nous avons décidé de continuer toute la nuit dans la fraîcheur pour n'arrêter que le lendemain, à midi. Trente-six heures à travailler dehors sans arrêter. Durant ce temps de gros travail, on pouvait compter toutes les côtes de notre corps.

Dans le peu de temps libre qui restait, j'aimais lire et souvent je me cachais dans le haut de l'étable afin que mon père ne me trouve pas.

Arthur Denis à la maison paternelle

Charge de balles de foin (Arthur à droite)

Chapitre 3

Les chemins

Aujourd'hui avec nos bons chemins de gravier, plus élevés, et déblayés par la municipalité, les jours sont rares où l'on est forcé à rester à la maison. Il est naturel de tenir pour acquis que ce fut toujours le cas. Est-ce possible qu'en cinquante ans à peine, nous ayons progressé des traîneaux tirés par des chevaux à des voitures sur des chemins presque à l'épreuve de la nature?

Dans ma jeunesse, lorsqu'il pleuvait, les chemins étaient impraticables. Il faut réaliser que nos chemins n'avaient pas de gravier, alors durant et après une pluie, les autos glissaient sur le côté et, avec de la chance, l'herbe du bord de chemin empêchait l'auto de rentrer dans le fossé. Celui-ci était seulement un canal en forme de V creusé de chaque côté du chemin. Si tu glissais jusque dans le fossé, c'était fini. Si tu restais sur le bord de l'herbe tu pouvais peut-être pousser et revenir sur le milieu du chemin, mais si tu avais plus d'un mille à faire, c'était quasi impossible. C'est pourquoi souvent après une pluie, on utilisait des pistes. Avec celles-ci, il n'y avait pas de fossés et la voiture était forcée de rester dans les ornières (*tracks*) creusées dans la terre. Sur les pistes, on pouvait aller plus vite pour monter les buttes et, en cas de blocage, les garçons descendaient pousser. Après une pluie, les chemins devenaient raboteux. Comme la gratte ne passait pas souvent même sur le sec, voyager n'était alors pas plaisant.

Rester à la maison pendant et après les intempéries était souvent la meilleure stratégie, mais pour les jeunes hommes que nous étions, ce n'était pas du tout la solution idéale.

En hiver, les choses n'étaient pas beaucoup mieux, car tout de suite après la première bordée de neige, le vent remplissait les chemins de neige, ceux-ci étant souvent plus bas que les champs qui les bordaient de chaque côté. Les traîneaux ouverts et la *caboose* étaient les seuls moyens de transport.

Plus tard, les meilleures autos, munies de chaufferettes et d'antigel pour les moteurs, pouvaient être utilisées tout l'hiver. Par contre, l'amélioration des chemins n'avait pas accompagné le progrès des moyens de transport. Alors l'oncle Lucien installa une charrue en forme de V à l'avant du tracteur, mais les tracteurs du temps, limités à quarante chevaux-vapeur, ne pouvaient pas pousser beaucoup de neige. C'est pour cette raison que le chemin se faisait à travers les champs, afin de choisir l'endroit où il y avait le moins de neige. Après une tempête, on faisait un autre chemin à côté.

À la fin de l'hiver, on rouvrait les chemins et on mettait souvent deux tracteurs, un derrière l'autre, avec la charrue en avant. Non seulement on ouvrait les chemins de campagne, mais aussi le chemin allant de Saint-Denis à Vonda. Lorsqu'il y avait trop de neige pour les tracteurs, les hommes devaient pelleter.

Avec le temps, vers les années 1970, la charrue fut remplacée par une souffleuse à neige. Un tracteur avec une cabine et une chaufferette était maintenant utilisé. Même si l'état des chemins était alors grandement amélioré l'été, l'hiver comportait toujours des défis. Souvent, il y avait des soirées à

Saint-Denis ou à Saskatoon et la charrue passait en avant pour ouvrir la voie. Au retour tout le monde se suivait en file, encore derrière la charrue. Mis à part ces évènements spéciaux, les chemins devaient être gardés ouverts pour les autobus scolaires ainsi que pour les messes du dimanche. Le fardeau augmentait sans cesse pour l'oncle Lucien, qui effectuait probablement l'entretien bénévolement.

Vers 1972, trouvant la situation injuste, je lui ai offert mes services. C'était bien charitable, mais mon épouse était désormais seule à la maison avec les filles pendant que je nettoyais les chemins. Je crois qu'elle ne m'a pas encore pardonné. Souvent il y avait seulement un endroit ici ou là à nettoyer, mais en 1974, l'hiver fut terrible. Presque tous les jours, les chemins devaient être ouverts. Un dimanche, je partis à cinq heures du matin ouvrir tous les chemins de campagne et me rendre ensuite jusqu'à Vonda, juste à temps pour laisser passer l'abbé qui disait la messe à Saint-Denis. Pas de messe pour moi et ma famille. Ensuite le *Highway Department* (ministère de la Voirie) a demandé qu'on ouvre la route 5 vers Saint-Denis car il y avait trop de neige pour leur charrue. À la noirceur, avec des lumières qui n'éclairaient pas très bien et la neige qui poudrait autour de la cabine du tracteur, c'est surprenant qu'on n'ait pas pris le bord du fossé plus souvent. C'est vrai qu'on avait des chaînes sur les pneus arrière.

Plus tard, le vieux tracteur Cockshutt commençait à faire des siennes, alors les Hounjet ont repris la tâche avec un tracteur moderne et des salaires. Deux ans plus tard comme la qualité des chemins s'était améliorée, la municipalité, dotée de meilleurs véhicules, assuma la tâche pour de bon, avec pour résultat que vers 1975, la page était tournée et plus personne n'était forcé de rester à la maison.

Aujourd'hui, je réalise que c'est peut-être pour ça que les gens de mon époque savaient mieux conduire, car conduire dans la boue, dans les chemins raboteux, dans la neige, bref dans des situations très difficiles, constitue une excellente école. Quand leur voiture fait des zigzags, beaucoup de conducteurs d'aujourd'hui ignorent comment réagir.

Chapitre 4

Laurent

Il y a un évènement dans ma vie qui m'a marqué et dont j'ai bien de la misère à parler, mais je crois que je dois faire un effort.

En 1958, il n'y avait pas de chorale à Saint-Denis; seulement deux ou trois hommes chantaient. Alors, mon père voulut organiser une chorale avec Raymond Caron comme directeur. Le soir du 1er octobre 1958, ma mère et lui s'étaient rendus chez Edmour Pion pour parler de ce projet.

Nous, les enfants, étions restés à la maison pour faire nos devoirs. Anne-Marie berçait André, le bébé. Laurent, mon aîné d'un an, lisait d'un côté de la table et de l'autre l'homme à gages, Isidore Semchyshen, réparait la carabine 22 qui ne fonctionnait pas toujours. Tout à coup on entend un cri et Laurent tombe par terre en renversant sa chaise. Je fais le tour de la table, le prends dans mes bras et même si le sang coulait partout, je le croyais seulement évanoui et voulais l'amener dehors pour lui donner de l'air frais, mais Isidore refuse. Avec l'ancien téléphone, on a fait la sonnerie d'urgence et dans le temps de le dire tout le monde arrivait chez nous.

Mes oncles Lucien et Paul furent les premiers arrivés. En route, ils avaient rencontré Isidore qui courait en sens inverse.

Lucien avait réussi à l'arrêter et à le convaincre que la situation n'était pas si pire qu'Isidore pensait. Eh bien, en arrivant et voyant Laurent étendu, baignant dans son sang, Lucien réalisa la gravité de ce qui venait de se produire.

Lucien dit à Paul de rester avec nous pendant qu'il partait avertir mes parents avec Joseph Hounjet. Mes parents prièrent tout le long en revenant. Malgré la scène terrible, ma mère resta calme, peut-être sous le choc, mais même quand elle pleura, elle ne perdit jamais le contrôle.

La police, le curé Lacroix, le docteur Lemishka, ainsi que tous les voisins étaient maintenant chez nous. Le docteur voulait que la police passe les menottes à Isidore, mais papa dit de le laisser libre, car c'était un accident.

Le lendemain, j'étais en arrière dans l'auto, papa et Isidore en avant. Papa disait à Isidore que c'était un accident et qu'une fois que tout serait fini, il voulait qu'il revienne travailler pour lui. De tous les discours de pardon, ce geste m'est toujours resté. À cette époque, on veillait au corps à la maison. Laurent fut exposé dans la chambre de mes parents. Le monde venait prier, parler toute la nuit. J'ai couché dans notre chambre ce soir-là, même si Régina Denis voulait m'emmener chez elle. Je ne me rappelle pas avoir vu mes parents au désespoir. Je n'ai aucune mémoire des funérailles, si ce n'est lorsque papa prit de la terre et la jeta sur le cercueil.

Nous n'avons pas eu le temps de nous attarder sur cette tragédie, car il fallait traire les vaches, soigner les animaux, matin et soir, en plus de tous les autres travaux d'automne.

Parce que c'était une mort accidentelle, il fallut aller en cour. Le tout s'est passé à Vonda. La cour était composée d'un juge, du docteur Lemishka et, d'après oncle Léon, de quatre jurés : Adolf Deptuck, Edmour Pion, Richard Leblanc et Désiré Bussière. Mon père avait demandé qu'on choisisse un jury qui serait sympathique envers Isidore. Ce fut une expérience pénible. C'est là qu'on apprit que la cartouche avait sectionné une artère. Le jury conclut à un accident sans préjudice à Isidore. Le docteur Lemishka n'était pas content, mais le verdict avait été donné.

Le dernier souvenir de cet incident fut à Noël. Papa était sorti traire les vaches et nous, les enfants, étions dans la maison avec maman. Maman vint à moi et me dit : « Va voir ton père ». Oui, ce grand fardeau, nos parents l'ont porté sans le mettre sur nos épaules trop jeunes. Dans ce temps-là, il y avait des messes offertes pour les défunts et l'abbé Lacroix disait des messes pour le repos de l'âme de Laurent à six heures et demie dans la chapelle à Vonda; toute la famille assistait à ces messes.

À la veille de la mort d'Isidore, mes parents sont allés le visiter et il ne s'était pas encore pardonné. Quel lourd fardeau à porter.

Chapitre 5

L'enfant de chœur

Quand j'étais jeune, la messe était célébrée en latin et le prêtre officiait le dos tourné à la congrégation. Dès que ce fut possible, je devins enfant de chœur. C'était notre responsabilité de dire à voix haute, en latin, les réponses du peuple. Comme de raison, nous avions nos livres de messe, mais comme nous avions nous aussi le dos tourné aux gens, il fallait savoir quand se mettre à genoux et quand se lever.

Nous portions une soutane rouge ou noire avec un surplis blanc.

Les grandes messes étaient chantées et les basses messes n'avaient pas de chant. La grande messe durait entre une heure et une heure et demie et était célébrée surtout le dimanche. La basse messe durait trente minutes. Le soir de la messe de minuit, trois messes consécutives étaient célébrées. La première durait une heure et demie et les deux autres étaient plus courtes, exécutées à la vitesse grand V. Elles pouvaient prendre de trente minutes à trois quarts d'heure. Pour nous, petits enfants de chœur, c'était long et nous devions rester réveillés, car il fallait répondre.

J'ai été servant de messe jusqu'à la neuvième année et ensuite servant au collège, car nous avions une messe tous les jours à sept heures du matin. Le dimanche, je servais la messe au pénitencier de Prince Albert, qui n'était pas loin du collège. Puis, durant mon année de séminaire, j'ai servi la messe pour Mgr Klein qui demeurait, lui aussi, près du séminaire. Avec toutes ces années de service à l'autel, on croirait que je devrais être un saint, mais le problème c'est que le matin, je ne suis pas complètement réveillé et j'agis comme un *zombie*. Le pauvre Esprit Saint n'a donc pas pu laisser la marque de son influence sur ma tête somnolente.

Chapitre 6

Le Collège Notre-Dame (1960-1963)

L'été après avoir terminé ma neuvième année par correspondance à l'école Casavant, j'aidais mon père sur la ferme. Pendant les moissons, deux prêtres sont venus discuter avec mon père. Sans aucune consultation, je suis averti qu'à l'automne, j'irais au Collège Notre-Dame à Prince Albert. Il n'y avait pas grand choix d'écoles, alors voici que le trio de l'école Casavant se rend au collège à Prince Albert : mes cousins, Marcel et Gédéon et moi-même.

Le collège avait une centaine de pensionnaires et quelques externes.

C'était une vieille bâtisse à trois étages qui nous tombait littéralement sur la tête. Il était considéré comme un petit séminaire. On se levait chaque matin à six heures pour assister à la messe de sept heures. Aujourd'hui, j'apprécierais pouvoir assister à la messe tous les jours (peut-être pas à sept heures, quand même!), mais dans ce temps, c'était pour moi un fardeau. En plus des études, nous participions à toutes sortes de sports dont je n'avais jamais entendu parler auparavant. Mes favoris étaient le hockey, le volleyball et le ping-pong. Comme je n'étais généralement pas difficile, je trouvais la nourriture assez bonne, même si le porc Diefenbaker[4] passait par toutes sortes de recettes discutables.

Vers la fin de ma onzième année, je sortais souvent en cachette pour aller en ville. Une fois, j'ai fait l'erreur d'y aller avec deux copains et on s'est fait prendre. Les deux autres se sont fait renvoyer du collège, même si c'était juste avant les examens de fin d'année. Moi, je crois que je m'en suis sorti à bon compte parce que le prêtre croyait que je deviendrais prêtre. J'y pensais, mais n'avais pris aucune décision. On m'a *canné*, interdit de sortir pour le reste de l'année.

C'est ma douzième année qui fut la plus spéciale. À la rentrée, les moissons n'étant pas finies, Gédéon et Marcel ont appelé le collège afin de rester une autre semaine à la maison pour aider aux récoltes. La réponse est négative. Mon père n'appelle pas et je reste à la maison sans autorisation. J'ai ainsi réalisé que c'est plus facile de s'excuser que de demander une permission.

Cette année-là, je fus choisi comme capitaine d'une équipe. Ça ne faisait pas trop mon affaire, car je n'excellais dans aucun sport et j'étais plutôt un *loner*. Mais grâce à cette nouvelle responsabilité, j'ai réalisé que j'avais un talent que je ne me connaissais même pas : celui de faire ressortir le meilleur de chacun et de bien faire travailler les gars en équipe. Nous remportions les prix dans tous les domaines, ce qui nous permettait de faire des sorties supplémentaires.

Comme l'abbé Jean-Guy Lang célébrait la messe chaque dimanche au pénitencier, il me demanda un bon jour de

---

4 Porc Diefenbaker : porc en conserve bon marché fourni par le gouvernement Diefenbaker pour contrer les effets d'une importante sécheresse qui a détruit les récoltes durant ces années.

l'accompagner pour servir la messe. C'est pour cette raison que je peux dire que j'ai passé un an en prison. Georges Blain, un des gardes, me fit visiter ce bâtiment. Des cellules avec seulement des barreaux partout, la chambre d'isolation, la chambre de pendaison. Cette visite m'a convaincu que je ne voudrais jamais être un de leurs clients. D'un côté de la chapelle s'assoyaient les hommes et de l'autre côté, les femmes. C'était triste et je ne pouvais comprendre comment ces gens pouvaient croire en Dieu dans une atmosphère si désespérante.

Au hockey, j'étais gardien de but pour mon équipe. La seule raison de mes bonnes performances est que je tombais souvent et en tombant, j'envoyais une main par ici, mon bâton par là et la même chose pour mes jambes et d'une façon ou l'autre, j'arrêtais la rondelle. Nous avons joué contre Debden, la prison, le pénitencier et contre des Autochtones. La patinoire était dehors, donc il fallait la nettoyer avec des pelles et l'arroser. Comme j'aimais être dehors, je me chargeais souvent de cette tâche. Cela nous donnait accès à la cuisine pour un goûter après. En parlant de cuisine, on cambriolait celle-ci assez souvent, mais des fois, on se faisait prendre et on devait alors laver la vaisselle pendant une semaine.

J'ai aussi joué dans des pièces de théâtre. L'abbé Papen me disait que s'il avait su que j'avais une pauvre mémoire, il ne m'aurait jamais demandé d'être acteur. C'était trop tard.

La graduation de ma douzième année fut bien simple. Pas d'escorte à demander : mes grands-parents Denis sont venus pour l'occasion. Nous avons eu un petit *bush party* organisé par les externes, mais comme nous n'avions accès à aucun alcool, ce ne fut pas très mémorable.

À la fin de la douzième, j'ai décidé de me diriger vers la prêtrise, et avec l'aide de l'abbé Poilièvre, je me suis inscrit au Séminaire St-Pie X à Saskatoon.

Chapitre 7

Le Séminaire St-Pie X

L'année 1964-1965 passée au Séminaire St-Pie X, qui était situé juste après le pont de la 25e Rue à Saskatoon, fut sans histoire, mis à part le fait que mes notes de la douzième année n'étaient pas assez élevées pour entrer à l'université. Il fallut donc que j'aille à l'école secondaire St-Paul, près de la Cathédrale, tandis que les autres séminaristes poursuivaient leurs études à l'université. Marcher chaque jour ce trajet me procurait un bon exercice. Mais retournons à mon séjour au séminaire.

J'ai toujours été très fier de ma culture francophone, ce qui fait que j'ai un accent très prononcé en anglais. Un incident qui m'a marqué lors d'un souper : je lisais d'un livre de Teilhard de Chardin pendant que tout le monde mangeait. L'auteur avait écrit une phrase en français. Après l'avoir lue, le prêtre Schmeiser, le responsable ce jour-là, me reprit sur ma façon de lire cette phrase. Comme de raison, je recommençai, mais de la même manière. Il me corrigea à trois reprises et à trois reprises je refusai de l'écouter. Après tout, j'étais francophone et lui, un Allemand qui ne parlait pas le français. J'ai dû aller à son bureau. Cet entêtement, qui fait partie de mon caractère encore aujourd'hui, de tenir à mon point de vue et ne pas me laisser intimider par des plus instruits que moi commençait à se manifester!

Voici un autre incident : il y avait au séminaire deux religieuses cuisinières; une plus âgée, sœur Gette, une Allemande, et une jeune novice de France.

Le samedi, en lavant le plancher de la cuisine, j'en profitais pour parler en français à la novice. Je me suis fait encore une fois disputer et défendre de parler le français, et ceci par la religieuse allemande. J'ai réalisé à ce moment que même certaines religieuses ne connaissent pas la loi de l'amour.

Dans ce temps-là, les séminaristes devaient porter la soutane, se lever à cinq heures trente pour aller à la chapelle afin de méditer pendant une demi-heure et assister ensuite à la messe. Pour moi qui n'étais pas un lève-tôt, c'était le martyre. Même si l'occasion était parfaite, je n'ai pas appris, cette année-là, à prier en profondeur.

À l'école secondaire St-Paul, je me suis fait de bons amis qui étaient très intelligents, mais malgré leur aide, les sciences et les mathématiques ne me disaient rien et je ne parvenais pas à comprendre ces matières. Par conséquent, mes notes n'ont pas augmenté suffisamment et quand j'ai quitté, je n'étais pas en meilleure situation que l'année précédente.

Ai-je quitté le séminaire à cause de mes notes insuffisantes ou parce que j'étais appelé à être agriculteur? Ou à cause des filles? Je vous laisse décider.

Chapitre 8

Les fréquentations

Cette partie de ma vie n'est pas la plus facile à se remémorer car rien ne s'est produit comme dans les histoires de *love at first sight*, ces coups de foudre qui, paraît-il, se gravent dans la mémoire au fer rouge pour la vie.

Les temps n'étaient pas comme aujourd'hui et même si nous vivions dans le même village, cinq milles de distance créaient un réel problème. D'abord, la famille de Thérèse n'avait pas de téléphone, ce qui rendait très difficiles les rencontres et la communication. Ensuite, je n'avais pas de voiture et même si je pouvais avoir accès à une auto facilement, ce n'était pas la même chose.

Pendant ma jeunesse, notre famille avait son banc d'un côté de l'église et la famille Lepage de l'autre côté. Thérèse allait à l'école Dinelle et nous, à l'école Casavant. Et quand, une fois l'an, nous avions un jour de sport entre les deux écoles, la famille Lepage ne participait pas. Durant ma neuvième année, je suivais un cours par correspondance tout en allant encore à l'école Casavant. L'année suivante, les écoles de campagne furent fermées et centralisées en une plus grande école située au village de Saint-Denis. Thérèse fit ses études jusqu'à la neuvième à Saint-Denis et poursuivit jusqu'à la douzième année à l'école de Vonda. Mon frère Normand, étant dans sa classe, agissait souvent comme messager entre Thérèse et moi.

Pour ma part, de la dixième à la douzième année j'étais au Collège Notre-Dame à Prince Albert. Les vacances d'été m'offraient donc la seule chance de fréquenter les filles, mais comme l'ouvrage sur la ferme ne manquait pas, cela ne me laissait pas grand temps. Une fois, à l'âge de dix-sept ans, une danse devait avoir lieu à la salle ukrainienne à Vonda. Donc, ce soir-là, je prends la voiture et me rends chez les Lepage, car je savais qu'il y avait plusieurs filles dans cette famille. Je rencontre M. Lepage dans la cour et lui demande s'il y avait une fille de libre. Par chance, Thérèse était la seule à la maison; une petite fille de quinze ans. Je lui demande si elle veut venir avec moi à la danse. Dans le temps de le dire, Cendrillon est prête pour le prince! Même si je lui avais demandé de m'accompagner, je ne suis pas resté avec elle toute la soirée. J'étais occupé à visiter avec les gars, mais à la fin, je suis revenu la voir. On est bien loin des amours de nos jours.

Je suis probablement sorti quelques fois avec elle durant ce temps, mais le collège avait cette tendance à briser les meilleurs plans. En juin 1964, j'avais dix-huit ans et demi et je terminais la douzième année avec l'intention d'entrer à l'automne au Séminaire St-Pie X à Saskatoon. Ceci mit fin à nos sorties, bien que j'aie revu Thérèse la semaine juste avant mon entrée au séminaire. Rien de bien sérieux toutefois…

Je crois que le moment est opportun ici pour partager ma vision des relations avec les filles à l'époque. Pour commencer, il faut vous dire que malgré mon jeune âge, j'avais des idées très définies sur l'importance de mes racines francophones et catholiques. Par conséquent, j'avais décidé de toujours sortir avec une fille catholique et française. Mais pour compliquer les choses, et sachant, je ne sais comment, que l'on tombe plus facilement amoureux pour la beauté d'une fille que pour sa vraie valeur, et qu'à l'adolescence les hormones affolées nous galopent dans le corps, ceci demandait que je me ferme les yeux et que je retienne mes hormones vis-à-vis les belles filles ukrainiennes ou autres. Un autre critère qui marqua mes fréquentations est que même si je sortais avec une fille pour le plaisir, je la regardais toujours comme si elle pouvait devenir mon épouse et la mère de mes enfants. En plus, je ne voulais en aucune façon utiliser et blesser une fille qui serait plus tard une épouse et une maman. Avec le résultat que j'ai fait beaucoup de lèche-vitrines dans ma jeunesse.

Comme mentionné auparavant, je quitte le séminaire en 1965, faute de notes suffisantes pour me permettre de passer à l'université. Pendant l'hiver 1965-1966, je travaille à la manufacture de meubles Ringer et je pensionne à Prud'homme. Thérèse, de son côté, termine la douzième année à l'été 1966, la seule fille de sa classe avec cinq garçons. Elle me demande d'être son escorte! À l'automne, elle devient cuisinière au couvent de Saint-Brieux où Marguerite, sa sœur aînée, est religieuse. Ensuite, elle revient aider ses parents, car sa mère a subi une opération.

Durant tout ce temps, on se voyait, mais pas chaque semaine : de temps en temps pour des mariages, des occasions spéciales, etc. Le jour de Noël 1967, elle m'a invité à un souper chez elle. Comme de raison, je me suis trompé de date et je suis arrivé une journée en retard. Ce jour-là, monsieur et madame Lepage célébraient leur anniversaire de mariage à Prud'homme. Thérèse a été assez mignonne pour me laisser aller avec eux. Une autre fois, j'étais allé avec toute la famille Lepage visiter leur parenté à Saint-Brieux. En revenant, avec un peu de *moonshine*[5] dans le corps, nous avons tous envie de faire notre petit pipi. Les arbres suffisaient pour nous les gars, mais pas pour Thérèse. Il a fallu se dépêcher de trouver un garage, mais pas avant que j'en profite pour la faire rire! Pas très gentil de ma part... Elle a toujours refusé les arbres, même en urgence.

Pourquoi cette jeune fille a-t-elle attendu pour moi? Dieu seul le sait, car souvent j'arrivais deux heures en retard à cause de l'ouvrage, et je n'étais pas très romantique. Toutefois, au fur et à mesure que les mois passaient, nous passions plus de temps ensemble.

Durant les hivers 1966-1967 et 1967-1968, je suivais un cours d'agriculture à l'université et Thérèse travaillait au *central supply*, le magasin de l'hôpital de l'université à Saskatoon. C'était soudainement beaucoup plus facile de se voir. Je réalisais que cette belle petite demoiselle aurait pu devenir mon épouse mais je me trouvais trop jeune.

À l'été 1968, je retourne à la ferme et les complications de rencontre recommencent. Une fois, probablement au mois de juillet, Thérèse me demande pourquoi je ne lui avais jamais dit que je l'aimais. Je ne lui ai pas confié que j'avais peur de mes émotions et de ne pas parvenir à les contrôler. Peu de temps après, je lui ai dit ces beaux mots : « Je t'aime ». Ce fut la fin des fréquentations *pour le fun*. Au début de septembre, je lui ai demandé si elle voulait s'unir à moi dans le mariage. Je n'ai jamais entendu plus beau mot que ce « oui! ».

---

5 *Moonshine* : whisky que les gens produisaient par eux-mêmes souvent distillé de façon illicite.

La prochaine étape était de demander à M. Lepage la main de sa fille. Pour un garçon avec une fausse fierté, c'était très difficile, mais j'y ai réussi. Tous les deux, M. Lepage et moi, avons pleuré. Après, Thérèse m'a pris par la main, on a descendu la butte et pour la première fois, elle m'a chanté le *Milord* d'Édith Piaf.

Arthur et Thérèse Denis

Deuxième partie

Mariage, famille et implication sociale

Chapitre 9

Le mariage

Nos préparatifs de mariage ne furent pas sensationnels! Comme un bon client du magasin de Saint-Denis, j'avais pris un des catalogues et un beau dimanche, je sors ce catalogue sur lequel j'étais assis et je demande à Thérèse de choisir son anneau. Pas très romantique, en effet!

Ensuite il fallait choisir une date. Pour moi, c'était le plus tôt possible. Finalement, on décide pour le 1er novembre 1968 : deux mois après nos fiançailles. Je ne le réalisais pas à ce temps, mais ceci a dû faire parler plusieurs adultes.

On a suivi le Cours de préparation au mariage que je n'ai pas trouvé fameux. Peut-être parce que j'avais mon idée ailleurs. Quelques jours avant notre mariage, ma mère me donne une enveloppe avec de l'argent : c'était le cadeau de fiançailles de la part de la communauté de Saint-Denis. L'usage voulait que la communauté organise un *party* pour les fiancés, mais ce ne fut pas le cas cette fois. Deux jeunes de la place qui vont rester à Saint-Denis et ça ne valait pas une veillée de plaisir! Ça m'a choqué sur le coup, mais j'avais d'autres préoccupations. Il faut dire que les récoltes n'étaient pas finies.

Une autre chose que je dois mentionner est que cette année-là, en 1968, il avait plu du mois de septembre jusque tard à la fin octobre. Les moissons furent retardées. On n'avait pas non plus les chemins d'aujourd'hui et souvent, pour se voir, c'était plus facile d'aller sur les petits chemins de terre que sur les grandes routes.

Finalement, le grand jour arrive. La veille on avait moissonné chez Chauvet jusqu'à six heures du soir. Après, ce fut la préparation finale. Je ne crois pas qu'on ait fait une répétition. Le mariage était à deux heures de l'après-midi à l'église de Saint-Denis. L'abbé André Poilièvre officiait. J'étais en retard. Notre réception eut lieu au défunt Silver Park Hall, pas loin du Manhattan d'aujourd'hui. Comme nous n'avions pas de danse, mes parents organisèrent une fête chez eux.

Pour le voyage de noces, la première soirée fut passée à l'hôtel de Humboldt. Nous avons été chanceux de trouver une chambre, car je n'avais pas pensé faire de réservation et c'était le temps de la chasse. Comme nous nous étions mariés un vendredi, nous n'étions pas obligés d'aller à la messe le lendemain. Thérèse avait oublié un peigne et comme ses cheveux avaient été crêpés, elle me demanda de l'accompagner au salon de coiffure. Ce fut une toute nouvelle expérience d'être assis pendant une heure à regarder ma nouvelle mariée se faire coiffer. De là, je crois que le plus loin où nous nous sommes rendus fut Hudson Bay et ensuite nous sommes passés par Prince Albert voir sœur Marguerite. Le seul argent que nous avions était l'argent reçu comme cadeaux de noces, mais la lune de miel ne nous a pas coûté cher.

Pour notre premier chez-nous, Thérèse avait loué un appartement à Saskatoon. Le premier soir, aucun meuble. Le lendemain, Normand vient avec nous pour acheter un matelas 54 pouces pour mettre sur le lit que mes parents nous avaient donné en cadeau. L'ensemble de chambre avait été acheté chez Ringer. Pour ce premier hiver, nous avions notre lit, une table et deux chaises, un stéréo que nous avions acheté, et une télévision noir et blanc qu'on n'alluma jamais.

Je travaillais au moulin de farine Wheat Pool et Thérèse travaillait chez Avis Rent-a-Car. Je marchais à l'ouvrage et Thérèse prenait la Vauxhall, notre première auto qu'on venait juste d'acheter pour deux mille cinq cents dollars. Thérèse venait tout juste d'apprendre à conduire et en plus elle devait maintenant apprendre à conduire une auto à transmission manuelle (*standard*). Pauvre Thérèse. Un soir, elle était en retard, alors, inquiet, je vais à sa recherche. Elle s'était arrêtée en montant une côte. Elle avait étouffé son moteur et ne pouvait pas le redémarrer, car aussitôt qu'elle essayait, l'auto reculait. Avec le temps, elle a appris.

Dans les premiers temps de notre mariage, un petit ajustement que j'ai dû faire (avec plaisir) est le suivant : comme le compte de banque était à mon seul nom, chaque fois que Thérèse allait en ville pour magasiner, elle devait me demander de l'argent. Réalisant que ce devait être humiliant, j'ai vite changé le compte pour un compte conjoint, à nos deux noms, et à partir de ce moment, la ville et moi nous nous sommes séparés pour ma plus grande joie.

L'hiver 1968 fut une belle lune de miel excepté qu'au début, comme nous n'avions pas fini de moissonner, j'étais parti jusqu'à tard le soir. En retournant à Saskatoon, j'ai presque abouti dans le fossé plusieurs fois, car je dormais au volant.

Comme il n'y avait pas de chaufferette dans la moissonneuse, ma chère épouse n'était pas impressionnée de devoir dormir avec un cadavre. Cela a duré jusqu'au 5 décembre.

Au printemps de 1969, nous avons déménagé dans l'ancienne maison de Laurent Pion (fils d'Edmour Pion), où habite aujourd'hui Normand. À ce moment-là, Laurent Rioux, mon beau-frère, refaisait sa maison sur la terre, alors en attendant, il demeurait dans le haut et nous au sous-sol. Je m'arrangeais pour venir souper tard afin d'être seul avec mon épouse. Ceci dura quelques mois, jusqu'à ce que Laurent retourne chez lui. Durant ce temps, Thérèse travaillait en ville et moi j'étais agriculteur.

À cause du bas prix du grain et de sa qualité pitoyable, le *Farmers' Union* organisa durant l'été 1969 une manifestation en tracteur sur la grande route 2. Comme je voulais me joindre au groupe, j'ai demandé à Thérèse si elle voulait venir avec moi, elle sur un tracteur et moi sur un autre. Comme elle n'avait jamais conduit de tracteur, elle a hésité mais je lui ai montré à quel point notre 4020 John Deere était facile à conduire. Elle accepte et pour deux jours, on va et vient. Elle était la seule fille sur un tracteur, alors elle a eu beaucoup de pratique à saluer tout le monde. La manifestation prit fin à Saskatoon afin de rencontrer le premier ministre Trudeau; à ce point, Normand avait remplacé Thérèse pour nous rendre jusqu'en ville.

Un sujet que j'ai oublié de mentionner est que ma jeune épouse, après plusieurs mois, n'était pas encore enceinte. Lorsque j'étais jeune, j'avais eu les oreillons et mes testicules avaient enflé. Le docteur Lemishka m'avait gardé au lit pour deux semaines. Les séquelles potentielles de cette maladie pouvaient être néfastes pour notre désir d'avoir des enfants. Un jour au mois d'août, je cultivais sur le quart Lepage quand ma chère épouse arrive en auto à travers le champ de labour. Surpris, j'arrête et vais à sa rencontre. Elle m'annonce qu'elle attend un bébé. On a dû soulever pas mal de poussière avec notre danse de joie!

Cet été-là, on avait aussi entrepris de réparer la maison Hulebetz qui était située sur le terrain que j'avais acheté en 1967. C'était une section de terre avec une cour et des bâtisses, mais tout était dans un désordre incroyable et en très mauvaise condition. Après quelque temps, nous avons réalisé que la maison ne valait pas la peine d'être réparée, alors on l'a vendue. Armand Grisé, un paroissien de Saint-Denis, a creusé pour nous une cave un peu plus loin. On a pris les blocs de ciment de la vieille maison pour faire la nouvelle cave. Normand posait les blocs pendant que je transportais du grain. Ce grain avait chauffé et en le pelletant je fus empoisonné et j'ai bien failli y rester. Vers la fin d'octobre 1969, nous avions fini les murs de la cave et le plancher. Arthur Bussière avait creusé le *lagoon*[6]. Le chemin pour se rendre chez Hulebetz était pitoyable et nous n'avions pas le téléphone. Après les noces de Normand, à la fin octobre, on se mit à la construction de la maison. Pour m'aider, Normand, qui restait en ville, passait me prendre le matin pour aller travailler sur la maison.

Entre-temps, comme il y avait une étable à cochon chez Laurent Pion, où l'on restait, nous avions décidé, mon père, Normand et moi, de nous lancer dans l'élevage porcin. Nous avions commandé les petits cochons qui devaient arriver un mois plus tard, alors nous avons dû arrêter la construction de notre maison pour préparer l'étable. Nous n'avions pas encore commencé quand un jour, Thérèse téléphone à mon père pour lui

---

6 *Lagoon* : terme anglais utilisé pour indiquer l'endroit où les eaux usées sont déversées.

dire que l'étable était en feu. Ce fut une expérience très pénible pour ma jeune épouse. Tout fut brûlé et nous n'avions aucune assurance. Ce fut la fin des cochons et la construction de notre maison reprit. Joe Mercier vint nous aider avec les chevrons. Nous nous servions du bois de l'étable à Chauvet qu'on avait démontée l'année avant. On n'avait pas de scie électrique. Les bardeaux furent posés dans le temps de Noël à -30 °C. Un feu réchauffait les bardeaux et les clous.

Nous avions acheté tout le bois de *Rochon Lumber* qui appartenait à Claude Rochon, un ami de mon père. Toute la maison nous a coûté huit mille dollars. Pour avoir l'argent nécessaire, j'avais obtenu une avance sur mon blé. Nous avons également acheté une fournaise à l'huile usagée. Normand et moi avons installé l'électricité et la plomberie. Joe Mercier fabriqua les armoires.

Durant l'été 1969, le temps est venu où il fallait passer le *disker*[7] avec un tracteur John Deere sans cabine. Je demande à Thérèse si elle voulait faire ce travail pour moi. Après tout, le champ était juste au nord de la cour et de la nouvelle maison où je travaillais, j'étais donc tout près en cas de problème. Ma chère épouse accepta avec l'intention de prendre un bain de soleil en même temps. Elle mit son maillot de bain et de l'huile pour le soleil et la voilà partie. Pauvre fille, avec l'huile sur son corps... elle n'avait pas prévu qu'à la fin de la journée, il y avait plus de terre collée à sa peau que dans le champ!

Au début d'avril 1970, Thérèse et moi déménagions dans notre nouvelle maison pendant que Normand et son épouse Murielle prenaient possession de la maison de Laurent Pion.

---

7 *Disker* : herse, machine agricole pour briser les mottes de terre.

Le matin du 8 avril, Normand et moi posions le revêtement extérieur sur la maison quand Thérèse m'appelle pour m'annoncer que le temps de son accouchement est arrivé. Comme le chemin est impraticable, il faut marcher un quart de mille pour arriver à l'auto. Dans la voiture, à chaque douleur, j'appuyais sur le gaz mais ceci n'aidait pas car le chemin était raboteux.

Comme j'avais décidé dès le début que je voulais assister à la naissance, Thérèse en avait discuté sans succès avec les autorités des trois hôpitaux de Saskatoon, qui refusèrent. Sans se démonter, elle s'était rendue à Cudworth avec la même requête, et là, l'hôpital accepta sans hésitation. C'est pour cela que nos trois premières filles virent le jour à Cudworth.

En tous cas, moi qui n'ai jamais aimé la senteur des hôpitaux, il a fallu que je sorte trois fois pour ne pas faiblir. La même journée, Thérèse m'a presque cassé le pouce en me serrant la main et c'est seulement en me jetant par terre que j'ai pu le sauver. Puisque l'hôpital était dirigé par des religieuses, trois sœurs assistaient au spectacle. Eh bien, après le massacre que Thérèse a fait subir aux hommes, ses cris, et tous les saints qu'elle fit descendre du ciel en procession, je suis certain que ces religieuses ont été renforcées dans leur choix de vocation et n'ont jamais plus pensé l'abandonner. En tous les cas, notre chère Brigitte est finalement arrivée vers les six heures du soir. Oh, comme j'étais fier de mon épouse et je suis retombé en amour avec elle d'une manière inconnue avant. Malgré le fait que ce n'était pas la mode d'allaiter, Thérèse nourrit le bébé pour trois mois.

Ce fut la fin de notre lune de miel et le début d'un mariage qui devait passer par des hauts et des bas comme toutes les unions, mais qui a toujours été soutenu par les grâces que Dieu nous promet dans le sacrement du mariage. Nous avons eu cinq filles. Au mois d'août 1971 nous accueillions Chantal, la seconde de nos filles. Puis ce fut le tour de Francine en 1973, Ginette en 1975 et Stéphanie, la petite dernière, née en 1978.

Photo 2008
gauche à droite : Brigitte et Keith Gerwing, Arthur et Thérèse Denis,
Jason et Stéphanie Collins, Chantal Denis Vasquez, Francine et Todd Edmondson,
Ginette et Marcel Gauthier

Chapitre 10

Le Club jeunesse

Pendant les premières années de mon mariage, j'étais impliqué à Saint-Denis dans les activités pour les jeunes. Les adultes plus âgés membres du conseil furent contrariants, car on voulait se servir du sous-sol de l'église pour nos activités, y compris les danses. Il a fallu aller jusqu'à l'évêque pour obtenir la permission. On aurait dit que je ne pouvais pas me contenter de faire les choses comme elles avaient toujours été faites. J'étais toujours à imaginer de nouvelles choses et ceci m'a causé beaucoup de friction avec les anciens.

On a aussi organisé une danse dehors sur la patinoire en contrebas de l'église. Le *disc-jockey* venait d'une station de radio. Il a fallu couper l'herbe sur la patinoire. Ce n'était certainement pas la pelouse d'aujourd'hui. Le soir de la danse, les chaperons étaient assis dans leur auto sur la butte du magasin et surveillaient les jeunes.

Dans les postes laïcs à la paroisse, il y avait trois marguilliers dont mon grand-père et Joe Rioux (père de Laurent Rioux), alors Gédéon et moi avons poussé pour établir un conseil élu. C'était la mode. Nous avons réussi et je fus nommé pour deux ans au premier conseil. Entre-temps, je faisais pression pour utiliser le haut de l'église pas seulement pour les messes mais aussi comme salle. Comme de raison, ce fut très impopulaire parmi les plus vieux (aujourd'hui, avec le recul, je suis content que ça n'ait pas passé) mais comme conséquence de cette petite révolte-là, il a été décidé de refaire le sous-sol de l'église. Maintenant on avait une place pour nos rencontres de jeunes.

Pas longtemps après, j'ai voulu organiser une soirée « vins et fromages » avec un thème, mais faire entrer de la boisson dans le bâtiment de l'église n'était pas jugé acceptable, alors encore une fois, les membres du conseil en ont déféré au jugement de l'évêque, probablement Mgr Klein. Après avoir écouté, il leur a demandé s'il y avait un autre endroit où la fête pouvait avoir lieu. Non? Alors, allez-y et servez de la boisson avec modération.

Sans surprise, je ne fus pas réélu à la réunion annuelle suivante. J'ai versé quelques larmes en cachette, mais la vie continue.

Le bilan de mes deux années au conseil paroissial : nous avons fait accepter l'alcool au sous-sol de l'église, fait changer les marguilliers, fait agrandir et rénover le sous-sol, et fait changer le décor et le nom du Club de Saint-Denis. Nous fûmes aussi un des premiers clubs jeunesse à recevoir des octrois du gouvernement. J'avais été élu pour deux ans au conseil paroissial, mais diplomatiquement, je ne fus jamais réélu; je crois que j'avais froissé un peu trop de plumages par mes initiatives. Malgré cela, je continuai à participer à la vie paroissiale.

Chapitre 11

Le hockey

Au début des années 1970, les quatre villages des environs avaient chacun formé une équipe de hockey. Saint-Denis réussit à former une équipe pour la première (et dernière) fois de son histoire. Rendus aux finales, nous avions atteint un tel enthousiasme que toute la paroisse assistait aux joutes et la patinoire était comble. Malgré toutes les controverses, cet enthousiasme nous aida à gagner les finales.

Durant cette partie, jouée à Aberdeen, nous avons fait face à un tir de pénalité. Nous aurions dû perdre, mais c'est comme si quelqu'un nous avait donné une injection d'adrénaline et la victoire fut nôtre. Ce fut la dernière joute de l'équipe de Saint-Denis.

Après la joute, étant donné que j'habitais le plus proche sur le chemin du retour, j'ai invité tout le monde à arrêter chez nous pour fêter. Thérèse était restée à la maison avec les filles. Quelle surprise quand elle vit toutes ces voitures entrer dans la cour. Notre maison était neuve et dans ce temps-là, le monde fumait à l'intérieur, alors le lendemain lorsqu'elle vit toutes les brûlures de cigarettes sur son nouveau linoléum, oh là là!

Chapitre 12

La Commission culturelle fransaskoise (CCF)

Ça devait être vers 1978, quand mon père était vice-président de l'Association culturelle franco-canadienne de la Saskatchewan (ACFC) et j'étais le représentant de l'ACFC de la Trinité. Un jour, mon père me demande si j'accepterais de siéger au comité de la première Fête fransaskoise. J'accepte. Par coïncidence, c'est Bernard Lavigne, professeur à l'Université de Regina et un ancien copain du Collège Notre-Dame, qui est président de ce comité. Au bout de deux réunions, comme le comité demande plus d'argent pour la Fête fransaskoise et que l'ACFC refuse, Bernard démissionne en disant que c'est impossible de faire une fête avec un tel budget. Peu de temps après, on me demande de reprendre le dossier. Malgré tous les drapeaux rouges qui auraient dû me dissuader, j'accepte. Jeannine Poulin-Denis, cousine par alliance, est notre coordonnatrice. La Fête est un franc succès. Encore une fois, je réalise que les obstacles sont seulement des défis à relever.

Plus tard, la Commission culturelle provinciale me demande si je siégerais à leur comité pour quelques mois. J'accepte et la première chose que j'apprends, c'est qu'à la réunion annuelle, on me demande de remplacer M. Soliman, le président, qui ne donne pas satisfaction. Cette fois, je me fais tordre le bras, mais à la fin, j'accepte. J'aurais dû poser plus de questions, car après la réunion, Gilbert Troutet, le directeur général, m'avertit qu'il a accepté un autre emploi à Ottawa et que les finances de la Commission sont précaires. Th*ank you very much!*

À la recherche d'un directeur général, plusieurs Québécois remplissent un formulaire d'emploi, ainsi qu'un Louis Morin de Gravelbourg, le fils du docteur Morin. Après plusieurs entrevues, je recommande Louis Morin, non pas parce qu'il a les meilleures qualifications, mais parce qu'il est Fransaskois.

Louis, comme directeur, a toujours respecté ma position de président. Il n'a jamais parlé si c'était le président qui devait parler. Il me renseignait toujours pour être certain que je connaisse les dossiers. Nous sommes devenus de très bons amis. Mes filles l'appelaient ma deuxième femme.

Au début, comme je le disais, les finances n'étaient pas bonnes. Tous nos revenus venaient du Secrétariat d'État national et nous n'avions que dix-sept communautés membres dans la province. Avec le temps, on s'est fait connaître à Sask Sport & Culture et éventuellement, ils sont devenus l'un de nos plus gros bailleurs de fonds. Très lentement, nos fonds ont augmenté. Ce qui frustrait le Secrétariat d'État, c'est que ces revenus venaient de trois ou quatre sources différentes avec le résultat que personne ne pouvait nous dire quoi faire.

De plus, notre *membership* augmente à vingt-sept communautés et bientôt, financièrement, nous atteignons le million en revenus. Ceci nous cause des problèmes, car l'ACFC provinciale se sent menacée. En plus de cela, nous embauchions seulement des Fransaskois tandis que les autres associations acceptaient beaucoup de Québécois.

Même si nous étions actifs au niveau de la politique provinciale et fédérale, nous assistions aussi aux réunions locales. Je me suis promené d'un bout à l'autre de la province. Une autre différence, c'est que les autres organismes payaient leurs bénévoles. Nous étions les seuls à être de vrais bénévoles, sans rémunération. Je suis resté président de la Commission culturelle (CCF) durant huit ans, ce qui me fit aussi président de la Fête fransaskoise pour neuf ans, car ce dossier avait été transféré à la Commission.

Mise à part la présidence de l'ACFC locale, je restai très impliqué au niveau local, par l'entremise du scoutisme, notamment. C'est grâce à mon épouse, mes enfants, mes frères et mon père que ma vie d'agriculteur n'a pas été affectée.

Comme président de la Commission culturelle, je devais faire beaucoup de discours et ceci souvent côte à côte avec le premier ministre de la Saskatchewan ou de pays francophones. Mon problème, c'est que j'ai très rarement écrit mes textes; je remettais le tout au Saint-Esprit. Il m'a sauvé chaque fois, mais je vous assure que tant que je n'étais pas en avant du podium, j'étais nerveux. J'ai rencontré souvent Grant Devine et Roy Romanow. Une fois, lorsque toutes les associations francophones rencontraient Romanow, il a salué chacune en anglais. Lorsque mon tour est arrivé, il me parla en français. Je démontrais beaucoup de conviction, et je crois que ces messieurs me respectaient pour cela. Une autre fois, après une rencontre avec le ministre fédéral, M. Leblanc, il me dit que j'étais un des seuls vrais politiciens. Était-ce un compliment?

***

Lors d'une réunion de la CCF à Regina, Brigitte, qui était au Collège Mathieu à Gravelbourg, est venue chanter avec le MAT. Comme de raison, j'ai saisi l'occasion d'aller l'embrasser. Après l'entracte, Brigitte devait jouer un morceau solo sur sa guitare. À l'entracte, je lui fais donc mes adieux, car je dois aller à une danse qui a lieu à Saint-Denis. Je reste pour entendre son solo, mais au lieu de jouer sa guitare, elle chante *Continue à chanter*, une chanson qu'elle avait traduite de la chanson anglaise *Keep on Singing* et qui m'a toujours fait verser quelques larmes. Après sa chanson, je me lève pour la saluer. L'auditoire s'est presque mis debout en applaudissant.

Au retour, j'ai fait de la vitesse pour être capable de danser avec mon épouse. Aux environs de Watrous, je croise une voiture de police et comme de raison, elle fait demi-tour et m'arrête. Après s'être assuré que je n'avais pas bu, le policier me dit de ralentir. J'accepte, mais quelques milles plus loin, je reprends ma vitesse. J'arrive à Saint-Denis, descends l'escalier quatre à quatre et arrive à temps pour *The Last Dance*. Les gens de Saint-Denis m'applaudissent et Thérèse et moi, seuls, avons dansé la dernière valse. Quelle soirée!

***

La CCF a aussi joué son rôle lors de l'entente fransaskoise conclue avec le gouvernement fédéral. Pour ce projet, tous les organismes travaillaient ensemble. Un dimanche, lors d'un pique-nique à Saint-Denis, je reçois un appel pour me demander de prendre l'avion vers Ottawa. Je rencontre le président de l'ACFC, Rupert Baudais, et le directeur Florent Bilodeau et nous nous rendons à Ottawa afin de négocier l'entente avec ces messieurs du gouvernement. Lundi, autour d'une grande table, les discussions commencent. Les organismes fransaskois demandent 26 millions pour leurs dossiers. À la fin de la journée, nous n'arrivons à rien. L'ACFC décide de repartir, mais je refuse de les laisser partir en disant que mes frères m'avaient fait promettre de ne pas rentrer avant d'avoir une entente. L'hôtel, un des plus grands à Ottawa, étant plein, il faut prendre nos bagages et trouver une chambre dans un petit hôtel.

Les trois gars qui avaient couché la veille dans le plus grand hôtel d'Ottawa, étaient maintenant réduits à une chambre avec un seul lit. Je ne me rappelle pas qui a couché dans le lit, mais deux d'entre nous ont couché par terre. En plus de cela, il faisait chaud dans la chambre qui n'était pas climatisée.

Pendant deux jours, nous avons rencontré les ministres et discuté du montant. Après un certain temps, nous acceptons en principe le montant offert, mais il faut téléphoner et consulter les autres organismes de la Saskatchewan. Je suis dans le bureau du premier ministre Jean Chrétien pour faire mes appels. La première entente de 17 millions de dollars fut signée. De retour dans l'Ouest après la signature, nous devons décider comment utiliser cet argent. Encore une fois, les comités voulaient faire des études, se regarder le nombril et se plier aux exigences du gouvernement. Je voyais déjà d'ici, encore une fois, l'argent se gaspiller dans la bureaucratie, dans des études inutiles et l'embauche de Québécois. Seul avec mon directeur général Jean Liboiron, j'ai commencé à soulever des objections. Même mon père et ma belle-sœur ne m'appuyaient pas. Peut-être avais-je tort, pourtant j'étais tellement convaincu que j'avais raison. Pendant cette période, je n'étais pas populaire avec l'ACFC, car moi, petit gars de campagne, le seul sans salaire, j'avais réussi en peu de temps à obtenir cette entente.

Une des premières étapes prévues était d'embaucher quelqu'un qui nous ferait mieux connaître notre passé (quelque chose qui avait déjà été fait à plusieurs reprises auparavant). Notre passé, on le connaissait. Pour faire l'avocat du diable, je postule pour la position afin de contourner le processus. Puisque je suis président du CCF, les autres organismes veulent que je démissionne de ce poste. Sachant que je ne serais pas choisi, je refuse. Comme de raison, je n'ai pas été choisi et encore une fois, une personne de l'Est a rempli le mandat. Un gros montant d'argent et d'énergie fut consacré à ces délibérations et les résultats sont demeurés ambigus. Oui, la bureaucratie francophone avait grossi et ceci paraissait bien, mais les communautés n'ont pas reçu l'aide dont elles auraient tellement eu besoin.

Durant une autre rencontre à Saskatoon avec tous les organismes francophones rassemblés, je voyais qu'on devenait de plus en plus comme la nation autochtone : nous recevons beaucoup d'argent, mais c'est le gouvernement qui nous manipule et c'est la bureaucratie francophone qui en profite. En réalisant ceci, j'ai senti les larmes me monter aux yeux. Comment j'ai réussi à sortir de la salle de réunion sans éclater en sanglots, je l'ignore. Après un certain temps, mon directeur général vint me trouver et comprit que j'étais sur le bord d'une dépression nerveuse. Il me conseille de démissionner à la prochaine réunion. C'est surprenant, mais j'ai obéi. Ce fut ma dernière implication dans des comités jusqu'en 2004. Tous ces évènements avec les autres organismes m'ont appris que la politique n'est pas pour le bien des gens, mais pour la gloire de ceux qui y travaillent.

Chapitre 13

Le scoutisme

En même temps que j'étais président de la Commission culturelle fransaskoise, j'étais impliqué dans les scouts. C'est Laurent Loiselle, paroissien de Vonda et parent éloigné, de même que le père Mercure qui m'ont convaincu de me joindre au mouvement scout. J'ai accepté de suivre un cours à Winnipeg, seulement pour voir. Quelle erreur! Je choisis la branche Castor car Brigitte et Chantal étaient alors dans cette catégorie d'âge. Malgré mon expérience de gestion parmi des groupes d'adultes, cette année d'apprentissage fut pénible. Je n'ai jamais autant sué. Il m'a bien fallu admettre que je ne savais pas jouer avec des jeunes. Oh, mais comme ces jeunes furent patients avec moi! Si seulement les adultes suivaient leur exemple. Nous avions des sessions chaque semaine, en plus d'un camp d'été. Ce rythme était exigeant, mais au bout d'un an, j'avais pris le tour et avais fini par aimer cela. Encore une fois, j'aurais pu faire les choses simplement, mais non! Il fallait, comme toujours, que je pousse les jeunes – et moi-même par conséquent – à la limite de leurs ressources.

J'ai suivi mes deux aînées durant tout leur progrès dans les sections : castors, louveteaux, éclaireurs et pionniers. En plus d'assumer des responsabilités chez les louveteaux, parce que d'autres animateurs posaient problème, je fus en même temps chef de groupe et instructeur adjoint pour plusieurs années. Aujourd'hui, je ne peux comprendre d'où je tirais l'énergie demandée pour faire tout ça.

Deux évènements m'ont marqué et dominent mes souvenirs de cette période.

Notre premier camp d'hiver me remplissait d'appréhension. Coucher dehors en hiver à -10 °C, -20 °C et -30 °C? Impossible! Lorsque les jeunes décidèrent de faire ce camp d'hiver, j'en ai fait de l'insomnie pendant trois mois. Des fois, j'avais froid dans la maison et je ne pouvais m'imaginer coucher dehors.

Eh bien, avec mes filles, on l'a fait. Après cette expérience, je disais aux filles : « Il n'y a rien à notre épreuve ».

Le deuxième évènement fut notre voyage à Guelph pour un camporee des scouts anglophones. Treize mille garçons avec seulement deux cents filles, dont cinq étaient les miennes! Le premier soir, nos tentes n'étaient pas arrivées. On a couché à la belle étoile avec une humidité incroyable. On a eu des ouragans et de la pluie. Parmi toutes les activités, je me souviens du tir de fusil à plombs, d'excursions en bateau à voile, et d'une randonnée à pied d'une journée et demie chargés de tous nos bagages. Notre équipe fut formidable.

La dernière nuit, on devait partir pour l'aéroport à cinq heures du matin. Mes jeunes voulaient fêter ce soir-là. C'était contre les règlements, mais j'ai accepté à condition qu'ils ne sortent pas hors du camp. À mon réveil à quatre heures, il nous manque une fille, Monique. Que faire? On prépare tout pour le départ. Pas de Monique. Je commence à sonner l'alarme, mais où chercher parmi tant de tentes? Légère panique. Dois-je rester en arrière et laisser les autres partir? Deux minutes avant le départ, ma chère Monique arrive avec son beau, comme si de rien n'était. Ils étaient allés voir le lever du soleil. Pour le reste du voyage, je la tenais par la main comme une fille de six ans.

Toutes ces années dans le scoutisme m'ont appris non seulement à mieux travailler et communiquer avec mes filles, mais aussi à jouer, à avoir peur, à relever des défis et elles m'ont fait réaliser que la vie d'adulte est imaginaire. J'ai aussi admiré la véracité et la sagesse des paroles de Jésus : « En vérité, je vous le déclare, si vous ne changez pas et ne redevenez comme de petits enfants, vous n'entrerez point dans le royaume des cieux » (Mt 18, 3).

En tant qu'instructeur adjoint, j'ai appris beaucoup de techniques. Celle qui me sert le plus encore aujourd'hui est la manière de raconter une histoire. Mon totem scout était : Hibou pensif. Hibou, car je me couche tard (et peut-être à cause de mes grosses lunettes) et l'adjectif « pensif » parce que j'étais toujours en train de penser à des choses nouvelles à faire.

D'un autre côté, j'ai reçu une nouvelle confirmation de mon observation plusieurs fois répétée que trop d'adultes, dont la responsabilité était de planifier pour les jeunes en pensant aux jeunes, étaient plus intéressés à leur propre gloire. De combien de contradictions sommes-nous tissés?

Durant ces dix années intenses, beaucoup d'incidents m'ont marqué, mais sans le support constant de mon épouse, Thérèse, de mes cinq filles, de mes frères et de mes parents, je n'aurais jamais accompli tout ceci.

Les scouts de Saint-Denis sur un voilier lors d'une excursion qui faisait partie
du Camporee à Guelph en Ontario

Chapitre 14

Une artiste en résidence

En 1985, un nouveau programme appelé *Artiste en résidence* est offert par le gouvernement provincial. Comme président de la Commission culturelle fransaskoise (CCF), je prends l'initiative de présenter une demande à ce programme pour la communauté de Saint-Denis. Dans ma tête, je vois Jacynthe de Margerie comme artiste. Elle avait été cloîtrée pendant vingt ans, mais des ennuis de santé la forcent à quitter le couvent. Elle vit alors à Munster dans un tout petit ermitage. Elle est une artiste.

Selon moi, ceci aurait dû être simple, mais tout à coup, tout le monde est impatient et veut être tenu au courant de ce qui se passe. Mettez-vous dans mes souliers : il faut coordonner avec le ministère des Arts, la communauté de Saint-Denis, la CCF et notre artiste.

Encore une fois, quelqu'un essaie par tous les moyens de faire échouer le projet. Lorsque je donne des explications à l'église, ce gars-là prend le micro après moi et contredit tout ce que je viens de dire. Pour un gars impatient comme moi, je ne sais pas comment j'ai gardé mon calme. Une chance qu'on était à l'église.

Finalement le ministère des Arts accepte notre demande. La CCF est d'accord et après avoir dissipé toutes les inquiétudes de notre artiste, jusqu'à promettre qu'elle pourra rencontrer un gars, elle aussi accepte. Après une dernière objection, la communauté consent. Maintenant, il faut préparer la résidence pour notre artiste. Après s'être battu contre le projet, notre même homme se porte volontaire pour diriger la rénovation du presbytère.

Durant toute l'année, Jacynthe offre des cours de toutes sortes. Le monde participe très bien et on peut dire qu'on voit encore aujourd'hui les résultats de cette année consacrée à l'art. Parmi les étudiants de Jacynthe se trouvait Ronald Rivard, veuf depuis quelques années. Pendant que tout le monde dessinait paisiblement, il doit s'être passé quelque chose de spécial, car bientôt, les flammèches d'amour changeaient la vie de deux personnes.

À la fin de l'année eut lieu la clôture officielle du programme, après laquelle une dizaine de personnes se rencontraient au presbytère pour fêter ce beau succès.

Arthur Denis et Jacynthe de Margerie, artiste en résidence

Chapitre 15

Le Centre communautaire

Vers 1988-1989, j'étais aussi président du comité pour construire un centre communautaire à Saint-Denis. La communauté m'appuyait, bien qu'elle ne croyait pas vraiment le projet réalisable. Par contre, pour la première fois parmi les comités dans lesquels j'étais impliqué, deux personnes travaillaient activement à faire échouer le projet. La première personne démissionna après un certain temps, mais l'autre fit tout son possible pour nous mettre des bâtons dans les roues. La communauté, au lieu de le dénoncer, lui laissait les coudées franches malgré ses machinations sournoises.

Les défis que présentait la construction d'un centre à Saint-Denis étaient énormes : il y avait un endroit idéal pour le site, mais le propriétaire ne voulait pas nous vendre le terrain. Le centre devait être construit sans dettes, et de plus, nous ne voulions pas des plans que le gouvernement nous proposait.

Alors que la réalisation de notre projet semble impossible, monsieur Le Naour, le propriétaire du terrain en question, meurt dans un accident. Après avoir renouvelé notre requête, le terrain convoité nous est cédé, puis le gouvernement nous promet l'argent : la construction peut commencer. Un jour, lorsque j'assistais à une réunion de la CCF avec Thérèse, nos filles restaient chez mon cousin Paul Hounjet. En revenant de Regina, Paul m'avertit que notre faiseur de trouble manigançait quelque chose. Ce soir-là, à la réunion, je suis accusé d'avoir pris des décisions sans en discuter avec les membres du comité. Comment j'ai réussi à garder mon calme, je ne sais trop, mais mon pauvre ange gardien a dû faire des heures supplémentaires. Après la réunion, j'ai conté le diable à mon malfaisant en l'avertissant que je ne voulais plus que ça se reproduise. Peine perdue!

Rhéal Laroche devait être notre contremaître, mais il se trouve un emploi à Radio-Canada et nous suggère d'embaucher Claude April. Maintenant, notre saboteur concentre ses efforts à m'accuser de toutes sortes de choses, mais malgré tout, le projet avance. La construction arrive à terme. La première activité au nouveau Centre fut le quarante-cinquième anniversaire de mariage de mes parents. Peu de temps après, Ronald Labrecque, gérant du magasin général, m'appelle à sept heures du matin pour m'avertir que le même énergumène avait fait des démarches avec les comptables du magasin pour nous accuser de fraude dans la construction du Centre. Les dirigeants du magasin furent trop poules mouillées pour lui tenir tête. Après enquête, rien ne fut trouvé. Cette peste continua pour au moins huit ans son sabotage sur le conseil du Centre. Comment la communauté a-t-elle pu supporter et réélire quelqu'un comme cela me dépasse et m'aide à comprendre comment un dictateur peut arriver à se maintenir à la tête d'un pays.

Les trois ans écoulés du début à la fin du projet m'ont montré que bien des fois, on ne peut imaginer comment un projet va se réaliser, mais en faisant confiance à Dieu, les évènements se mettent en place d'une façon tout à fait imprévue. Malgré ceci, il faut franchir beaucoup d'obstacles, un à la fois, et bien souvent sans s'appuyer sur un plan d'action complet. Combien de fois ai-je assisté à des réunions durant lesquelles je faisais face à un problème en apparence insoluble? Je commence à avoir une grande confiance en la divine Providence.

⸺⸺⊷⊶⊷⊶⊷⊶⸺⸺

Construction du Centre communautaire de Saint-Denis

Chapitre 16

L'école Providence

Je fus nommé président de l'Association Culturelle Franco-Canadienne régionale en 1978 et pendant mon mandat, nous avons réussi à regrouper les trois ACFC locales sous un même chapeau. Quand on comprend combien l'esprit de clocher était présent dans nos rangs alors, on voit que ce ne fut pas facile. Nous avons aussi été le premier local à avoir un agent de développement (aujourd'hui, toutefois, avec le recul, je me demande si c'était une bonne manœuvre).

Dans ce temps, nous avions une école française à Vonda qui allait jusqu'à la sixième année. Après leur sixième, les jeunes allaient à Aberdeen. Prud'homme était dans une autre unité scolaire. (La bonne vieille stratégie du *Divide and Rule*.) Mes filles étaient en quatrième année et je voyais que si je ne faisais rien, elles fréquenteraient une école anglaise, dont le curriculum ne comportait aucun cours d'enseignement moral.

N'étant pas commissaires d'école[8], six d'entre nous avions décidé de nous rassembler pour former un groupe. Nous n'étions peut-être pas tous les défenseurs les plus passionnés de la cause francophone, ni les plus doués dans le domaine de l'engagement

---

8 Commissaire d'école : personne élue au Conseil scolaire pour représenter les parents de son district scolaire.

politique, mais nous formions une équipe irrésistible. Personne ne croyait possible de réussir ce qu'on avait entrepris. On a fait des voyages à Regina, rencontré le ministre de l'Éducation et les commissions scolaires de Wakaw et Saskatoon. Un événement reste fortement gravé dans ma mémoire. Une journée de printemps, je semais quand on m'avertit que les gens de Vonda avaient organisé une rencontre à laquelle ils me demandaient d'assister. Ils étaient en furie à cause de la publicité diffusée dans les journaux, à la radio et à la télévision : ils ne voulaient pas être perçus comme promoteurs de la cause francophone.

Ce soir-là, j'étais seul pour répondre à toutes leurs questions. Ils étaient une cinquantaine. Comment j'ai pu répondre à toutes leurs questions et en sortir intact, je ne le sais pas encore aujourd'hui. Je crois sincèrement que c'est par l'intervention du Saint-Esprit.

J'ai aussi rencontré Mgr Mahoney afin qu'il supporte notre cause, qu'il encourage la communauté à soutenir l'école, mais comme on empiétait sur l'autorité des écoles publiques, l'évêque disait qu'on perdrait notre religion. Je lui ai dit que c'était possible, mais que pour le moment nos jeunes de sixième année en montant n'avaient plus de cours de religion. Alors il accepta de venir parler à l'église de Vonda. Est-ce que cela fit une différence? Je me suis aperçu que bien des catholiques trouvent la religion moins importante que le français; bien des parents ont envoyé leurs enfants à l'école d'Aberdeen qui n'avait ni religion, ni français.

Pour faire une histoire courte, car ces choses sont racontées dans d'autres livres, c'est avec l'aide du juge Gathercole, de la Cour Suprême, et de Prud'homme du côté francophone, qu'on nous accorda la permission de joindre l'école de Vonda. Les années sept à douze furent ajoutées à l'école de Vonda et la plus grande surprise, c'est qu'on nous a aussi accordé une nouvelle école avec un gymnase. La population ne pouvait pas y croire, mais pour moi, cela a seulement renforcé ma certitude que Dieu a de drôles de façons d'agir. Ce fut une période très difficile que le support de ma famille, de l'équipe et de Dieu m'ont permis de traverser.

Lorsque la victoire fut assurée, l'ACFC provinciale voulait qu'on pousse plus loin, mais je voyais que la communauté était épuisée. Mon équipe était à bout de souffle alors j'ai dit non et j'ai remis ma démission pour permettre à mon successeur de rétablir la paix. Un guerrier n'est pas la bonne personne pour construire la paix. J'ai demandé à l'ACFC régionale un peu d'argent afin d'avoir un *party* avec notre groupe en récompense de leur sacrifice. La réponse fut non. Je fus très peiné que cela se soit fini sans une célébration, mais la vie continue.

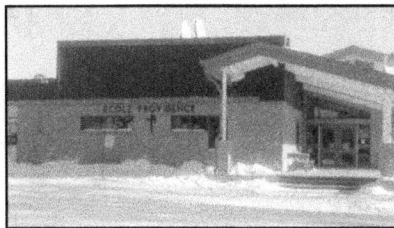

L'école Providence de Vonda
Source : http://www.radio-canada.ca/regions/saskatchewan/2012/01/24/004-manque-places-garderie-vonda-sask.shtml

Chapitre 17

L'emploi de Thérèse

En 1987-1988, Thérèse décroche un emploi à Saskatoon au Bureau des passeports. Au mois de novembre, elle est tout heureuse d'avoir un emploi et d'aider à payer les factures. De mon côté, je prends soin des filles et commence ma carrière de père au foyer. Pour un homme dans la quarantaine qui n'a jamais fait la cuisine, ni le lavage, ni rien de ce qui doit être fait dans un foyer, je me suis lancé dans mon nouveau rôle avec enthousiasme. Avec l'aide de mes belles-sœurs, Roseanne et Berthe, et les conseils et instructions de Thérèse le soir, à son retour, j'ai appris à cuire des rôtis, faire du pain, des tartes et des brioches à la cannelle à partir de rien. Toutefois, pour Ginette et Stéphanie, nos deux benjamines qui n'allaient pas encore au collège, les déjeuners ne variaient pas beaucoup et les lunchs probablement encore moins…

Tout allait bien, mais au mois de janvier, la température tombe dans les -30 °C à -40 °C et je m'aperçois que ma chère épouse revient souvent triste et même en larmes. Son patron est un homme très dur et insensible. J'essaie de lui remonter le moral en préparant de bons repas, en nettoyant la maison; en repassant le linge et me faisant beau pour son retour. Mais les choses vont de mal en pis… Oh! Comme c'est difficile de voir son épouse souffrir par la main d'un ingrat. Comme je voulais aller le battre! Finalement, nous sommes arrivés à la conclusion que toutes ces misères ne valaient pas le coût. Avec l'aide de Lucien Loiselle du Manitoba, un ami du temps de la Commission culturelle, nous avons poursuivi le gouvernement et avons eu gain de cause, mais à quoi bon? Le patron, malgré les accusations, conserva son emploi et continua à maltraiter ses employés. Bravo à nos chers syndicats!

Après avoir été échaudés, Thérèse, dans son expérience d'emploi et moi, dans le bénévolat aux niveaux provincial et local, nous décidons de tout lâcher et de travailler à notre propre compte.

Cette expérience aurait pu être néfaste pour mon épouse mais elle s'est très bien rétablie. Ces évènements nous ont enseigné que même si la vie paraît plus belle ailleurs, ce n'est pas toujours le cas et si tu as des problèmes dans ton entreprise, au moins c'est toi le patron.

Chapitre 18

L'agriculture

De 1963 jusqu'en 1994, je fus très impliqué dans l'agriculture. Mon père étant membre de toutes sortes d'organisations francophones, il était souvent absent de la ferme. Donc, c'était Normand et moi qui voyions à l'ensemble des tâches agricoles. C'était l'époque des machines sans cabine, sans air climatisé. Pendant notre jeunesse, nous avons mangé et respiré assez de terre pour nous enterrer à la fin de nos jours. Le jour, on transpirait car la chaleur du tracteur s'ajoutait à la chaleur du jour. Le soir, on gelait.

Je me rappelle le temps des semences, lorsque je déménageais la machinerie d'un champ à l'autre. Je mettais mon tracteur en première, sautais en bas et courais chercher le camion. Quelques fois, le tracteur allait trop vite et je ne pouvais le rejoindre. Il finissait dans un étang. Va expliquer ça à ton père...

Durant les moissons, j'avais la charge de transporter le grain à la grainerie. Avec deux ou trois moissonneuses et des camions de deux cent cinquante minots, ça me tenait occupé. Le problème c'est que les graineries bien pleines tenaient seulement mille deux cents minots. Étant seul, je devais reculer le camion, partir la vis à grain, ouvrir la porte coulissante du camion, grimper sur la vis à grain pour entrer par le trou du toit où le blé coule dans la grainerie et ensuite pelleter dans les quatre coins pour bien la remplir. Et il y avait la maudite poussière. Avec la sueur et mes lunettes, je ne voyais rien. En plus, comme je suis claustrophobe, je devais en tout temps me débattre contre ce maudit malaise. Quand la grainerie était pleine, il fallait que je sorte du trou avec le blé qui me coule sur la tête, glisser le long de la vis à grain et fermer la porte coulissante avant que le blé ne s'écoule par terre. Avec tant de poussière et cette claustrophobie, je ne peux pas croire que je ne suis pas déjà mort dix fois ou patient dans un asile.

Lorsque je n'étais pas en réunion d'une sorte ou l'autre, j'étais agriculteur avec mes frères et mon père. J'étais l'homme à tout faire, le « *gopher* » de l'entreprise : je graisse, je remplis d'essence et nettoie les machines, transporte le grain, prépare les greniers, etc. Ceci me permet d'être plus souvent à la maison et d'avoir mes filles avec moi. Lorsqu'on jongle entre autres avec trois moissonneuses ou des semeuses qui marchent en même temps, il faut être organisé. Je demandais souvent l'aide de Thérèse, et plus tard, de mes filles pour venir déménager les camions et m'aider avec la grosse vis à grain pour l'annexe. Elle faisait soixante-dix pieds de long par dix pouces de diamètre. Oh, ça n'a pas été facile et mes chères dames ont dû endurer quelques crises. Aujourd'hui, je réalise que j'essayais de faire l'impossible. Il faut dire que j'étais très bon dans la comptabilité et la planification, mais je n'étais pas très doué en mécanique. Les machines brisées m'ont plus éloigné du ciel que n'importe quoi d'autre. Après toutes ces expériences, je crois que Dieu m'a ouvert un autre chemin où j'étais plus dans mon élément.

Vers les débuts de notre mariage, en 1968, nous avons eu un automne pluvieux. Tout le grain devait être séché. En terme de qualité, c'était du n° 3 et il n'y avait pas moyen de le vendre. L'année 1975 fut la plus profitable. On avait du grain en réserve, le prix était bon et il y avait un marché. À ce moment-là, on avait un camion qui pouvait transporter jusqu'à trois cents minots. Avec quatre ou cinq voyages par jour, j'étais sur le chemin pendant un plein mois, à deux ou trois reprises dans l'année.

Durant les hivers des années 1980, on suivait des cours d'agriculture et de comptabilité entre autres. En 1989 les quatre frères avec nos épouses, avons suivi un cours intitulé *Farming to Win*. C'était un cours intensif de quatre semaines. Dans notre plan quinquennal, nous nous sommes dit qu'on devrait se séparer d'ici cinq ans avant que notre bonne entente ne disparaisse. En plus, nos jeunes grandissaient. J'étais contre l'idée de se séparer, car étant le plus vieux, je n'étais pas prêt à être agriculteur seul pour la première fois de ma vie, mais j'étais le seul à penser de cette façon, alors j'avais cinq ans pour me préparer. C'est pendant cette période que la grosse crise économique nous frappa.

Les années 1980 furent terribles. Le déclin a commencé lentement. En 1986, on a acheté du terrain à soixante mille dollars du quart de section. En 1987, les intérêts ont monté à 22 %! En 1988, il y a eu une sécheresse où l'on a ramassé à peu près juste assez pour semer l'année d'après. En 1989, on s'est fait grêler à cent pour cent juste avant de commencer à andainer. Ce n'est pas surprenant qu'en 1990 la Caisse ait commencé à réclamer les paiements sur les terres. Ce ne fut pas facile, car il fallait d'abord se rendre en médiation, qui était une mauvaise farce, et ensuite se présenter devant un juge, face au gérant de la Caisse. Une chance que nous étions quatre frères et nos épouses, car il nous a fallu tout l'encouragement, les farces et les rires de chacun pour nous aider à continuer. Nos parents nous supportaient, mais nous étions responsables de nos familles respectives. Vers la fin, en 1994, j'avais perdu cinq quarts et il m'en restait trois. Mieux que rien et en plus, j'avais une épouse et des enfants qui m'épaulaient.

Il faut réaliser qu'au début, ce n'était que papa, Normand et moi. Comme André et Laurent étaient dix ans plus jeunes, ils sont arrivés sur la scène plus tard. Être capable de s'accorder avec son père et deux frères, c'est encore pas pire, mais rajouter une troisième génération, c'est tenter le diable. Je crois que c'est l'exemple de la mentalité de bon accord de papa qui a permis notre bonne entente durant toutes nos années ensemble. Avec le temps, en plus des frères et papa, il y eut aussi les épouses et ensuite les enfants de chacun. Oui, avoir réussi à s'arranger, se pardonner, regarder de l'autre côté pendant toutes ces années est un petit miracle. Pour papa, l'argent était seulement un outil pour être capable d'aider les autres. Il nous aida beaucoup financièrement, mais il dépensa autant, sinon plus, à aider les autres, la communauté et les jeunes commençant dans la vie. Je crois que Dieu, reconnaissant en lui un leader, l'a béni en lui accordant la bonne entente entre ses enfants.

Mon père fut toujours un héros pour moi, même si on avait souvent des discussions assez animées. Je crois que sa mentalité chrétienne et positive a été imprimée au plus profond de moi. Avec son sens de la joie et sa philosophie de partage dans les problèmes financiers, les controverses avec les autres ne semblaient pas l'affecter. C'est pour cela qu'aujourd'hui, je prends la vie avec un grain de sel. Malgré l'exemple de mon père, lorsque l'on perdait du terrain dans les années 1980-1990, il a fallu de grands efforts pour ne pas perdre la tête et le courage.

J'ai impliqué mes cinq filles très tôt dans l'agriculture :
surtout à ramasser les roches après les semences. Après l'école
et les samedis, j'allais chercher les filles, neveux et nièces et nous
partions à la recherche des roches. En faisant des jeux, des pique-
niques, je n'ai pas eu trop de mutineries à affronter. J'aurais pu
me servir d'une ramasseuse à roche mais après tout, ces jeunes
n'auraient rien eu à faire. Plus tard, mes trois aînées furent
introduites au cultivateur, à l'andaineuse, à la moissonneuse et
au *semi*[9] pour transporter le grain. Luxe de la modernité... Oui,
j'étais fier de mes filles. À l'été de l'année 1990, je me suis cassé
la cheville et j'ai dû cesser de travailler. Grâce à leur expertise,
Brigitte et Francine me remplacèrent au transport du grain.
Lorsque j'entendais le *semi* entrer dans la cour à deux heures du
matin, mon cœur de père palpitait de fierté.

En 1993, j'ai offert la ferme à Brigitte mais elle voulait
l'expertise totale d'un an avant de décider. À l'automne durant
les combinages, elle moissonnait durant la journée mais le soir
un de mes frères venait la remplacer. Un jour, elle me dit qu'elle
voulait moissonner durant la nuit. Je l'ai avertie d'être certaine
de sa décision, car une fois prononcée, elle était commise jusqu'à
la fin des travaux. Ce soir-là, lorsque mon frère arrive pour la
reprendre, elle lui dit qu'elle ne donnait pas sa place, à la grande
surprise et au bonheur de mon frère. Elle a tenu bon jusqu'à
deux ou trois heures du matin.

Quant à sa décision de reprendre l'entreprise, lorsqu'elle
comprit combien de produits chimiques on mettait dans la terre,
elle refusa.

---

9 *Semi* : camion semi-remorque.

De six ans à quarante-neuf ans dans l'agriculture, c'est long. Je n'ai jamais regretté ces années, mais il faut avancer, et la question est : y a-t-il une vie après l'agriculture? Aussi noble le métier d'agriculteur soit-il, comme tout métier, c'est seulement un moyen offert pour se rapprocher de Dieu.

Il ressort de tout ceci qu'à l'automne 1994, nous étions prêts. Thérèse et moi avons décidé de quitter l'agriculture pour nous lancer dans le tourisme.

Rack à foin

Troisième partie

Champêtre County prend forme

Chapitre 19

Les débuts de la Ferme Champêtre Farm

Les années 1980 furent très difficiles pour nous. L'agriculture n'allait pas bien. Thérèse avait été très désappointée de son premier emploi en ville et nous étions tous les deux épuisés par le bénévolat. Si nous lâchions tout, nous aurions du temps libre, mais que faire avec ce temps?

Lors d'un voyage à Winnipeg en 1989, Thérèse et moi avons parlé pendant seize heures de notre vie et de notre avenir. C'est durant ce voyage mémorable que Thérèse eut l'idée de commencer la « Boulangerie Gourmet » et moi, avec l'achat de deux chevaux, je me lancerais dans l'entreprise « Ferme Champêtre Farm » qui est devenue un peu plus tard « Champêtre County ».

Thérèse, avec ses pains, ses tartes, ses brioches à la cannelle et bien d'autres pâtisseries, avait acquis une fidèle clientèle. Elle se levait à quatre heures du matin pour cuisiner jusqu'à six ou sept heures du soir. En plus, elle faisait ses livraisons. Le résultat était que nous étions gavés de pâtisseries en tout temps.

En même temps que Thérèse commençait sa boulangerie, j'achetais deux chevaux et un attelage. Comme j'avais tout oublié de mes connaissances sur les chevaux, j'ai demandé à Berthe et à Laurent de venir avec nous. Berthe venait d'un coin de cow-boys dans le sud de la province. Elle riait de moi en disant qu'à mon âge j'allais tomber en morceaux. Berthe monta sur le premier cheval et en peu de temps, il lui fit prendre une dégringolade. Elle revint en marchant. Je choisis d'essayer le deuxième cheval moi-même. Personne ne savait alors qu'il avait une blessure sous la selle. À peine étais-je monté qu'il se mit à ruer. Avec seulement un pied dans l'étrier, moi aussi je pris une débarque. Finalement nous avons choisi une jument nommée Drifter, sur le point d'avoir un poulain. Le lendemain, c'est moi qui ai ri, car Berthe a dû rester au lit toute la journée pendant que je faisais ma journée d'ouvrage comme si de rien n'était.

Le même été, nous avions aussi acheté Prince d'un homme de Prud'homme.

La vie de cow-boy commençait. Le 15 novembre, je rentre Drifter dans l'étable pour avoir son poulain. Durant le souper, elle réussit à sortir de l'étable et la voilà partie. À neuf heures du soir, sous le vent et la neige, je monte Prince, mon autre cheval et je vais à sa recherche. Je l'ai finalement trouvée sur le terrain du gouvernement. Après l'avoir ramenée à l'étable, elle donne naissance à son poulain, sous le regard de toute la famille : un petit étalon nommé Saxo, en l'honneur de Chantal, qui joue du saxophone.

Nous empruntons aussi Trixie, un cheval arabe de chez André. Ma première expérience avec l'équipage et le traîneau ne fut pas une réussite, car j'avais tout oublié de mes expériences de jeunesse. Mais avec du temps, de la patience et quelques sautes d'humeur, j'ai réappris le métier. Ce Noël-là nous avons offert notre première tournée à la famille de Guy Tourigny. Nous voilà lancés!

Ce même hiver, à l'occasion d'une conférence d'écoles d'immersion, nous avons organisé un atelier pour promouvoir notre entreprise. Thérèse et moi, sans aucune expérience de marketing, allions nous présenter aux enseignants. Nous avons refait la même chose à Saskatoon, North Battleford et Regina. Notre intention était de desservir les écoles francophones, mais après un an, certains enseignants changent d'école et nous voilà plongés dans le marché anglais.

L'hiver suivant, nous donnions des promenades en traîneau dans la ville. J'empruntais le camion de mon frère et la remorque pour les animaux. Je faisais monter, souvent avec difficulté, mes deux chevaux attelés dans l'avant de la remorque, puis le traîneau était démantelé. La boîte du traîneau était mise à l'arrière du camion et les patins derrière les chevaux. La première fois, le camion, qui n'était pas un 4x4, ne voulait pas bouger. Finalement, nous avons réussi à décoller, et nous sommes partis. Tout cet effort pour un modique cent dollars, en plus d'une certaine somme pour la distance parcourue.

Thérèse profitait de ces promenades pour faire ses emplettes, mais auparavant, elle m'aidait au réassemblage. Une fois, à Sutherland, je m'aperçois que j'avais oublié le *neck-yoke* (joug). Panique! Finalement, avec une corde, on fabrique ce fameux joug. Durant deux heures, je fais le tour de la cour d'école. Souvent, j'étais gelé raide. Une fois, à une école près de l'aéroport, un avion passe très bas au-dessus de mon équipage. L'épouvante prend et il me faut tout mon petit change pour garder les chevaux sous contrôle. À une autre occasion, au bas de la montagne Blackstrap, les skieurs venaient tout près de mes chevaux et freinaient à la dernière seconde. Mes chevaux ont enduré ce martyre avec patience. Oui, ce furent des années inoubliables, mais nous sommes bien contents que les temps changent.

***

En été, j'avais préparé le *rack* à foin pour donner des promenades. Le *rack* prenait un quart de section pour tourner, alors le parcours devait être très planifié. Quelques fois, je tourne trop carré et les roues barrent. C'est un tour de force de remettre le tout à fonctionner. Au début, je mettais du foin sur le *rack*, mais les jeunes l'étendaient partout dans la cour et sur le chemin, alors ce fut la fin de cela. Donc pour respecter le titre de *hay wagon*, je disais : « *Hé, come on up!* ».

***

Une fois, alors que je donnais une promenade aux familles de Claude Mireau et Michel Lepage, à deux milles de chez nous, le boulon qui tient les patins d'en arrière avec ceux d'en avant lâche. La tige plante dans la terre, le devant du traîneau se soulève et voilà les chevaux partis avec seulement les patins d'en avant. Comme je tiens les guides, je défonce le devant du traîneau. Comment je fais pour ne pas me casser la margoulette sur le patin, je n'en ai encore aucune idée. Dans le brouhaha, j'échappe les guides et voilà les chevaux partis au galop. Après avoir fait un grand détour, ils reviennent. Je me mets debout dans leur trajectoire en espérant qu'ils ne me contournent pas ou ne me passent pas sur le dos. Oh! Grand miracle, ils arrêtent. Avec l'imagination de vrais hommes débrouillards, nous (Michel, Claude et moi-même) réparons le traîneau et nous voilà repartis lentement pour la maison.

Une autre de mes expériences fut mon premier *runaway*[10.] J'étais seul avec mes employés d'été Keith Gerwing et Lisa Gareau. Je leur enseignais comment conduire l'équipage. Brigitte marchait plus loin en avant et j'ai voulu la rattraper. Je mets mon équipage au galop, ce qui est défendu! Lorsque j'ai rattrapé Brigitte, j'ai réalisé que je ne pouvais plus arrêter mes chevaux. Un vrai *runaway!* Alors, j'explique à mes deux employés que les chevaux vont vouloir tourner dans la cour, mais qu'à cette vitesse, il faut continuer tout droit. Rendu à la cour, je tire sur les guides pour les empêcher de tourner. Une fois passé, j'explique que le prochain problème est le chemin de Saint-Denis. Si nous allons droit et qu'une auto survient, nous sommes cuits. Si nous prenons la gauche, même problème. Notre seule solution est de tourner à droite et au pire, prendre le fossé si une voiture se présente. Chanceux comme des quêteux, il n'y a pas de voiture et un mille plus loin, les chevaux ralentissent, à bout de souffle. Deux milles sans contrôle, les bras morts de fatigue et mes deux employés pensent que j'ai inventé le *runaway* car je suis très calme. C'est le début du temps où mon ange gardien est placé sur appel 24 heures sur 24.

J'ai eu beaucoup d'autres expériences moins chanceuses, mais qui ont toujours bien fini. Plus tard, je vais peut-être en reparler. Au début, j'avais confiance que mes chevaux restaient en place quand je les laissais seuls. Mais après plusieurs expériences où il a fallu que je saute sur le wagon de côté et même par en arrière, je reste avec eux en tout temps.

C'est aussi durant ces années-là que lentement, j'ai trouvé mon costume de cow-boy : bottes, chemise, veste, chapeau et foulard. Les enfants ne croient pas que je suis un vrai cow-boy si je suis habillé comme tous les humbles mortels.

---

10 *Runaway* : chevaux qui s'emballent.

Dès le début de notre entreprise, Jean Hardenne, propriétaire de l'agence de voyages Sinfonia, nous aidait avec ses conseils et de la publicité. Il est venu deux ou trois fois pour des *partys*. Une fois, cent vingt personnes étaient invitées, des millionnaires, pour un souper et des activités. Ma pauvre Thérèse, seule responsable du repas, devait utiliser à la fois la cuisine de la maison et celle du Saloon pour préparer le souper. Nous en sommes venus à bout, mais ce ne fut pas un gros succès. Je ne crois pas que Jean fut bien impressionné, mais la veillée lui a coûté peut-être deux mille cinq cents dollars. Aujourd'hui, le même genre de veillée aurait coûté au moins quinze mille dollars!

Thérèse et moi, avec l'encouragement de nos filles, avons décidé de nous lancer à plein temps dans notre nouvelle entreprise car avec les visites d'école, les mariages, les réunions de famille et les *partys* de bureau notre revenu était autour de soixante mille dollars à l'automne 1994. C'était l'année où mes frères et moi devions nous diviser l'entreprise agricole et devenir indépendants les uns des autres.

Chapitre 20

L'embauche de Keith

Au printemps 1993, nous nous préparons pour l'été qui approche. Francine nous avait dit qu'elle viendrait travailler pour nous, mais vers le début avril elle nous fait savoir qu'elle a trouvé un emploi en agriculture au Québec. Vraiment désappointé que notre fille ait ainsi changé d'idée, je décide d'aller afficher un poste au Centre de main-d'œuvre de Saskatoon.

Au début de mai, j'affiche donc mon offre d'emploi sur le babillard du bureau de placement et j'explique ensuite au fonctionnaire responsable quels types de tâches sont requises et le genre de personne qu'il nous faut. En sortant, un jeune homme, qui est dans le bureau au même moment, m'arrête et me dit qu'il a entendu ma conversation et qu'il est intéressé à l'emploi. Je lui demande s'il parle français et il me répond « Non ». Je lui dis que ceci est presque un « prérequis » mais que mon épouse et moi allons en discuter.

De retour à la maison et après discussion, Thérèse et moi décidons de prendre le risque et d'embaucher le jeune homme en question.

Pendant quatre mois, Keith Gerwing de Lake Lenore, ne parle presque pas, au point où nous nous demandons s'il sait même parler anglais.

Je ne lui parle jamais en anglais. Malgré son manque de français, il parvient à comprendre et à accomplir le travail exigé. À part lui, cette année-là, nous avions quatre filles de son âge qui travaillaient pour nous, toutes francophones.

Nous avions loué le presbytère de Saint-Denis comme résidence pour les cinq. Le matin, les filles arrivaient chez nous en auto vers huit heures, tandis que Keith nous arrivait vers cinq heures et demie ou six heures en joggant les trois milles et demi du trajet. Rendu ici, il s'exerçait à monter sur les chevaux et à les conduire, car il ne connaissait rien dans ce domaine. Après s'être fait jeter par terre une couple de fois par Trixie, mon cheval, il a appris très vite.

Un dimanche après que Keith soit retourné à l'université, Brigitte reçoit un appel. Elle parle français. Après l'appel, je lui demande à qui elle parlait. Elle me répond, Keith. J'ai peine à la croire, car j'avais à peine entendu Keith parler anglais, encore moins français. Cependant, la prochaine fois que Keith vient à la ferme, il me parle exclusivement en français.

Depuis, il est devenu mon gendre…

Chapitre 21

L'étable

Une entreprise western sans son étable rouge manquerait de crédibilité. Sachant que notre étable ne ferait pas long feu, nous en cherchions une que nous pourrions déménager. J'en trouve une à seulement deux milles de la maison. Je fais une offre pour l'acheter et le propriétaire accepte. Je donne un dépôt et nous voilà à faire les fondations... Ce soir-là, André, mon frère, me téléphone pour me demander si j'ai pensé à une étable, à dix milles de chez nous, qui appartient à notre cousin. Le lendemain, je prends une course pour aller la voir. La toiture, les bardeaux, tout comme les murs sont en bon état.

Je décide de faire une offre pour cette deuxième étable et celle-ci aussi est acceptée. Alors nous recommençons à prendre les mesures pour les fondations. Bien que j'aie changé d'idée, M. Victor Skomar, le propriétaire de la première étable, consent à me redonner mon dépôt.

Le vendredi, nous téléphonons pour faire livrer le ciment : il arrivera samedi, à dix heures. Le samedi, en attendant le camion, on reprend des mesures et l'on s'aperçoit que les fondations sont trop courtes d'un pied. Nous nous étions servis de la grande mesure de mon grand-père à laquelle manquait le premier pied et nous n'avions pas fait l'ajustement. Éperdu, je téléphone pour décommander le camion : il est déjà en route. Je panique (pour une des rares fois)! Sans un mot, toute l'équipe, y compris André qui est en plein milieu de ses semences, reprend les mesures, défait les coffrages, creuse les trous et refait les coffrages.

Une fois arrivé, le camion attend seulement une demi-heure!

C'est à cause d'évènements comme celui-là que je ne crois plus à l'impossible.

Une des plus importantes décisions concernant cette étable est l'endroit où nous devions la placer, car l'entreprise en est seulement à ses débuts et nous ne savons pas quelle envergure elle prendra. Nous avons choisi un endroit en espérant que l'avenir nous donnerait raison.

Une semaine plus tard, à dix heures du matin, Wiebe Movers passe sur le chemin de Saint-Denis. À deux heures trente de l'après-midi, l'étable est dans la cour et sur les fondations. Champêtre County a son étable datée de 1914.

Chapitre 22

Le terrain de balle

En janvier 1992, ma sœur Thérèse vient dîner chez nous. Tout en parlant, elle mentionne que la compagnie pour laquelle elle travaille, Northern Telecom, planifie un *party* d'été. Elle dit qu'il y aurait jusqu'à mille employés et que le budget prévu pour le *party* qui doit durer six à huit heures est de quinze mille dollars. Depuis des années, ils vont à la ferme forestière.

Après le départ de Thérèse, je dis à mon épouse qu'on devrait les rencontrer pour essayer de les faire venir chez nous. Thérèse, mon épouse, imaginant mille personnes, croit que c'est impossible. Moi, je vois quinze mille dollars. Après plusieurs discussions animées, Thérèse consent à aller rencontrer les gens responsables de l'organisation du *party*. Je veux baisser le montant demandé à dix mille, mais Thérèse dit que c'est le plein montant ou rien.

Au mois de février, nous rencontrons trois personnes du comité organisateur de la fête. Tout va très bien jusqu'à ce que l'un d'entre eux demande si nous avons un terrain de balle. Je réalise que si on dit non, ils ne viendront pas, alors avant que Thérèse puisse répondre, je dis que oui. Ils acceptent alors de venir. Thérèse, bonne épouse qu'elle est, ne me contredit pas sur le coup...

Une fois sortis, c'est autre chose. Avec des yeux plus foudroyants que le bout de mon fusil lorsque je fais feu, elle me demande où j'avais vu ce terrain de balle. Je lui réponds qu'on est seulement au mois de février et que le groupe ne vient que le 14 juin.

Eh bien, à partir de la fin avril, ce n'est pas l'ouvrage qui manque. Avec l'aide de ma fille Francine et son amie Marie-Claude Paradis, nous nettoyons le terrain en ramassant les roches et les branches. Nous passons le râteau et aplanissons le terrain. Ensuite, l'herbe est semée à la main, nous passons le rouleau, puis le râteau à nouveau. Du blé a aussi été semé comme *cover crop* (culture de couverture). Ensuite, on attend. Deux jours avant l'évènement, nous passons la tondeuse, installons le *backstop* ou l'écran arrière et le 14 juin tout est prêt. Le terrain est beau et vert de loin, mais de proche, c'est pas mal clairsemé... C'est assurément de cette expérience qu'est né le film *Field of Dreams*. La seule différence c'est que nos invités de Northern Telecom ne se sont jamais servis du terrain de balle parce qu'on les a tenus occupés à mille autres choses!

Aujourd'hui encore, les compagnies nous demandent si nous avons un terrain de balle. La réponse est encore affirmative, mais le résultat est toujours pareil. Les seuls qui s'en servent sont ceux qui restent à Champêtre County pour toute une fin de semaine.

———⚉———

Chapitre 23

Le premier Saloon

Au début de 1990, à la Ferme Champêtre Farm, nous recevions assez souvent des visites d'écoles. Nous avions construit un *gazebo* de vingt pieds par trente pieds relié à ma *shop* pour recevoir nos invités. Après une visite de l'école Providence, Linda Denis et une autre dame restent et nous parlons de toutes sortes de choses. Tout à coup, Linda me dit que notre site est bien beau, mais qu'il nous manque un saloon.

Après leur départ, l'idée me trotte dans la tête et me chicote. Vers le temps des Fêtes, je téléphone donc à Brigitte, Chantal et Francine qui sont dans l'est du pays. Je les informe que je veux transformer ma *shed* à machines en saloon, mais que je n'ai aucune idée à quoi un saloon doit ressembler. Je leur demande de regarder tous les films western possibles, les bandes dessinées, etc., et de me présenter un plan. En attendant leur réponse, cet hiver-là, j'ai acheté une paire de juments noires comme attelage du carrosse pour les noces de Chantal et Sébastien Vasquez[11]. Ces chevaux venaient de Gravelbourg, mais je ne les avais pas encore vus. Alors, comme ma fille Ginette était au collège, je

---

11 Les fiancés s'étaient rencontrés au collège de Saint-Boniface, où ils étudiaient. Sébastien est né au Chili. Alors qu'il était encore bébé, ses parents ont fui le pays pour la France lors de l'installation au pouvoir du régime Pinochet. Plus tard, Sébastien et son frère s'étaient installés au Manitoba à la fois pour étudier et pour se soustraire au service militaire français, encore obligatoire à l'époque.

lui demande d'aller les voir. Elle me dit qu'ils sont noirs et très beaux. J'emprunte le camion de Laurent et sa remorque pour les animaux et je vais les chercher sans même les avoir montés! *Going on looks!* À cause de l'année très occupée, je n'ai jamais eu la chance de m'en servir avant les noces.

Entre mes filles, Sébastien, les films et les cabanes à sucre, plusieurs plans furent tracés. Au mois de mai, j'embauche les trois filles, Sébastien et Ronald Rivard. La construction du premier Saloon commence. Chantal et Sébastien décident de tenir la réception de leur mariage dans ce Saloon qui n'est pas encore commencé! La date : 15 août 1992. Nous avons donc trois mois et demi pour la construction, en plus des visites, de l'agriculture et la recherche de vieux matériel pour meubler le Saloon. Un vrai défi!

La première équipe, Chantal et Seb, (car personne à part Chantal ne comprend l'espagnol), travaille d'un côté et la deuxième équipe, de l'autre. Pour chaque groupe de touristes, il faut nettoyer le site et enlever tout signe des travaux en cours et après chaque groupe, il faut tout rapporter.

Ce fut un été vraiment intéressant! Toutefois le temps avance et le Saloon n'est pas fini. La semaine avant les noces, on commence à voir la fin. La famille Vasquez arrive et il reste encore toutes sortes de petites choses à faire. Les moissons approchent aussi à grands pas.

Quelques jours avant les noces, j'attelle mes nouvelles juments sur le *rack*, mais elles refusent d'avancer. Bouillant de colère, je demande à Ronald de pousser le *rack* avec le camion. Finalement elles partent. Tout va bien pour le reste de la journée.

Le lendemain encore la même chose. Je sors mon fouet et la scène n'est pas la plus belle. Finalement, Francine et son amie Sonya me supplient d'arrêter. Alors je leur dis de s'arranger avec les juments rebelles et je pars. Le soir avant les noces, le Saloon est fini. Chantal et Seb ont peint le plafond jusqu'à tard dans la nuit.

Le Chev 27 est prêt, les trois *buggys* sont propres, mais Seb n'a pas son chapeau de cow-boy pour les noces. Samedi matin, M. Vasquez court en ville et trouve un chapeau.

Samedi à treize heures, notre famille est installée dans le carrosse tiré par les deux nouvelles juments et conduit par Sonya; les filles d'honneur trônent dans le démocrate conduit par Marc Gloutney, qui avait appris à conduire le soir précédent; un *buggy* est conduit par Francine avec son garçon d'honneur; notre Chev 27 est conduit par M. Vasquez et sa famille, et le Modèle T, que les Jeannotte avaient emmené de Gravelbourg, est conduit par les garçons d'honneur. Trixie, notre cheval Palomino, est montée par Vincent Denis, un cousin et véritable cow-boy. Les drapeaux du Canada, de la France et du Chili flottent sur le carrosse. Un vrai spectacle.

Le carrosse est le dernier à partir. Les garçons d'honneur qui montaient la garde y avaient attaché un seau rempli de glace et de bière. En partant, le seau tombe et traîne au sol en faisant un vacarme. Les chevaux noirs partent en peur. Sonya réussit à reprendre l'autre entrée de la cour pour les ralentir. Finalement, le seau s'est détaché et l'on put repartir. Je peux vous assurer que mon cœur avait gagné de la vitesse. Nous sommes quand même arrivés dix minutes à l'avance.

Même si le Saloon était terminé, si on le compare à notre Saloon d'aujourd'hui, je me demande comment on a fonctionné. Notre installation étant tellement différente par rapport à d'autres entreprises, personne ne remarquait ce qui manquait.

Le temps de Noël approche et plusieurs compagnies veulent avoir leur fête de Noël chez nous. Nous acceptons. Un bâtiment sans toilette, sans chauffage, sans cuisine! On fait installer une chaufferette et nous voici en business. Tout va bien, mais à -20 °C, la bâtisse refroidit vite et l'eau gèle. Alors, avant que les groupes arrivent, nous allumons une torche à propane pour réchauffer la place en espérant que la température ne baisse pas trop vite. C'est drôle qu'on n'ait jamais commencé un incendie de cette façon. Le soir, on mettait une ampoule chauffante pour empêcher la pompe de geler. Durant la veillée, le *port-a-potty* est plein et je dois passer à travers la foule pour le vider. *How embarrassing!* Malgré cela, tout le monde s'amuse et revient l'année suivante.

En 1994, on décide de rallonger le Saloon sur le côté sud et le côté ouest. Nous creusons un trou pour une citerne et un trou pour les toilettes du côté ouest. Le côté sud est destiné à devenir la cuisine, avec deux chambres à l'étage. On finit le plus gros de la construction pour l'automne. Je pose les bardeaux au mois de novembre, à travers des nuées d'isolant soufflé sur le haut du saloon. Deux toilettes sont installées. On active la chasse en appuyant sur une pédale.

Le 31 décembre 1994 est notre dernière activité de l'hiver. Incroyablement, nous avons pu survivre au stress. La nourriture était préparée dans la maison et transportée au Saloon. Nous n'avions pas de réchaud pour les plats. Il faut être jeune!

Le 2 janvier 1995, Francine repart pour l'Est. Ginette nettoie le Saloon et je commence à vider les tuyaux. Le 3 janvier, je vide les tuyaux d'eau jusqu'à quatre heures de l'après-midi et décide d'arrêter pour la journée. Une ampoule tient la pompe chaude. Ginette travaille jusqu'à cinq heures de l'après-midi. Il fait -30 °C dehors avec une brume épaisse. Ce soir-là, tout le monde descend dans le sous-sol pour regarder un film. À sept heures et demie du soir, le téléphone sonne et Brigitte monte au rez-de-chaussée pour répondre. En arrivant en haut, elle lâche un cri de mort, comme seule une fille peut produire. Avec l'année 2000 qui approche et les rumeurs que la fin du monde est imminente, Brigitte croit que Dieu a avancé la date. Nous courons tous en haut et voyons le ciel tout orange intensifié encore plus par la brume.

Tout à coup, par la fenêtre de mon bureau, je remarque les flammes sortant de la toiture du Saloon. Je crie aux filles de sortir les caméras et de venir voir un spectacle qui va nous coûter très cher et que demain on va déplorer. Par un coup de téléphone, la nouvelle se répand vite!

J'essaie de sauver quelques effets, surtout mon « casque indien », mais la fumée est trop épaisse, alors j'ordonne à tous de s'éloigner. À l'ouest, à six pieds du Saloon, il y a un réservoir de propane de cinq cents gallons. Sur le côté nord, par-dessus l'appentis, nous avions installé une scène de Noël, fabriquée par Brigitte.

Vingt minutes plus tard, les pompiers de Vonda et Prud'homme arrivent. Tous ont peur pour le réservoir à propane, mais quoique le feu ait commencé dans ce coin-là, le mur séparant le réservoir de l'incendie ne brûle pas. Les murs de part et d'autre brûlent, mais le mur près du réservoir demeurait intact, comme pour le protéger.

De l'autre côté, face au nord, le feu ravage la toiture et tout autour, mais la crèche reste intacte. Un air de mystère semblait régner. Tous croyaient que la crèche ne brûlerait pas. Il nous semble assister à quelque chose de surréaliste. La dernière chose à tomber est la crèche de Noël. Quant au mur contre le propane, les pompiers le poussent finalement par précaution afin qu'il s'écroule vers l'intérieur.

Le feu avait brûlé les contrôles de SaskPower alors il n'y a plus d'électricité. Malgré le froid de -30 °C, les employés de SaskPower viennent durant la nuit installer un nouveau transformateur. De quel courage ces hommes font preuve! Tard dans la nuit, le sommeil nous délivre de notre fardeau.

Le *buggy* devant le Saloon

Chevrolet 1927

Le carrosse

Chapitre 24

Le deuxième Saloon

Le projet de construire un deuxième saloon vit le jour après l'incendie qui, le 3 janvier 1995, avait complètement rasé le Saloon existant, ma *shop* comprise.

Le lendemain du 3 janvier, quand on s'est levé et on a regardé par la fenêtre, c'était comme dans les films western quand des bandits brûlaient un *homestead* : quelques poteaux encore debout, de la fumée ici et là et tout le reste noir. Déprimant!

Keith, qui habitait Saskatoon à cette époque, avait couché à la ferme le soir de l'incendie, mais était reparti de bonne heure pour ses cours à l'université. Avant de quitter la maison, il avait laissé une note par terre, près des décombres : « *The Saloon is going up* ». Quand j'ai vu la note, en moi-même je me suis dit : « *Easy for you to say*, mais qui va le rebâtir? Toi, tu es parti à l'université! » Alors, j'ai mis cette idée de côté.

Plus tard dans la journée, Radio-Canada appelle pour une entrevue. On leur donne la vidéo que nous avions filmée et ce soir-là, la nouvelle de l'incendie passe à la télévision. Le lendemain, nous recevons des appels de partout au Canada et plus tard, des lettres et des petits chèques de vingt-cinq dollars. Pas de gros montants, mais quand le geste vient d'un étranger, ça touche le cœur.

Une amie religieuse, sœur Mariette, qui avait réservé le Saloon pour plus tard en janvier, téléphone pour discuter de détails. On lui apprend la nouvelle. Une heure après, elle est chez nous pour nous encourager.

Quelques jours plus tard, Laurent Bussière m'appelle pour me dire que je peux avoir une de ses vieilles étables si je veux reconstruire.

Nous avions presque décidé de retourner en agriculture, mais avec tout cet encouragement et le soutien que nos filles nous promettent, Thérèse et moi décidons de nous lancer à l'aveuglette dans la construction du deuxième Saloon.

La prochaine étape : nous recevons la visite de la compagnie d'assurance Mennonite Mutual. Comme nous n'étions pas assurés pour un gros montant, il n'a jamais été question de la cause de l'incendie. Nous étions assurés pour seulement cinquante mille dollars, et le bâtiment ne valait pas beaucoup plus, mais nous avions beaucoup de choses dans le Saloon, comme nos outils, notre fourgonnette, nos instruments de musique, de l'équipage de chevaux, etc. En fin de compte, l'assureur nous rembourserait environ quatre-vingt-dix mille dollars. C'était un bon petit montant pour commencer. Puis on reçoit un appel du Farm Board. Durant les années de sécheresse il nous avait prêté quarante mille dollars et il veut se faire rembourser. Coïncidence? Le Farm Board ne pouvait pas toucher à l'argent de l'assurance. Nous ne voulions pas non plus prendre cet argent pour rembourser le prêt. À ce stade, nous avions déjà décidé de rebâtir et nous avions besoin de l'argent pour les chevrons, les fenêtres, et tous les matériaux et la main-d'œuvre nécessaires. La compagnie d'assurance a finalement accepté de nous laisser l'argent, mais les pourparlers duraient encore. Entre-temps, le gouvernement avait dit au Farm Board de finaliser tous les comptes avec les fermiers pour tout montant qu'ils pourraient récupérer. La plupart des fermiers payèrent la moitié ou moins de leur dette, mais nous, à cause de l'assurance, et après bien des rencontres, nous sommes finalement arrivés au compromis de trente-neuf mille dollars. Quand on pense que le ciment coûtait vingt mille dollars et les égouts et la chaleur, quarante mille dollars, ceci ne laissait plus rien pour tout le reste.

Pendant que Thérèse s'occupait des appels téléphoniques et beaucoup d'autres décisions concernant la construction, Ronald Rivard et moi défaisions l'étable à Vonda. La température cet hiver-là était environ -20 ºC avec quelques pointes à -30 ºC. Nous partions vers neuf heures et demie pour revenir à dix-huit heures. Après la deuxième journée, j'ai réalisé que la cheville, que je m'étais cassée en 1990, n'aimait pas les échelles. Le soir, je revenais et je ne pouvais pas marcher sur mon pied, alors je sortais du camion à quatre pattes et rentrais à la maison de la même manière. Je ne pouvais rien faire d'autre que rester assis. J'ai réappris à circuler comme les enfants d'un an. Durant la nuit, pour aller à la toilette, c'était pareil. Le matin, après le déjeuner, je me forçais à marcher. Rendu à l'ouvrage, j'oubliais mon mal pour me concentrer sur le froid au sommet d'une étable à -20 ºC. Pour la première heure, chaque jour, c'était pénible, car nos doigts et pieds gelaient, mais après, tous nos membres s'endurcissaient et le restant de la journée allait bien. Nous avons eu plusieurs expériences qui ont gardé nos anges gardiens en alerte.

Une fois, par exemple, j'étais seul et j'enlevais les planches juste au bord de la toiture. Il était six heures du soir et je voulais finir ce rang de planches. Avec mon fameux arrache-clou à taper, j'enlevais un clou quand tout à coup, l'arrache-clou glisse et comme je forçais pour arracher le clou, je me suis senti tomber par en arrière. Dans cet instant, je réalise qu'en bas, sur le sol, il y a de la ferraille et que la chance de m'en sortir indemne est à peu près nulle. Mais tout à coup, je réalise que je ne suis pas tombé, et que je suis appuyé sur la toiture. Encore aujourd'hui, je suis convaincu que mon ange gardien a dû pousser fort pour me garder sur l'échelle. Merci encore. Ce fut la fin de ma journée.

Une autre fois, j'étais sur le haut de l'étable et il n'y avait qu'un clou qui retenait une planche de seize pieds. Tout à coup, la planche cède et pivote sur le clou. À ce moment, Ronald, à l'étage plus bas, sort la tête entre deux planches pour me dire quelque chose d'important! Je lâche un cri et Ronald rentre la tête juste au moment où la planche passe. Même si les conséquences auraient pu être sérieuses, on a bien ri.

Entre-temps, la communauté de Saint-Denis et les Lions de Vonda organisaient des collectes de fonds. De Vonda, nous avons reçu sept cents dollars et de Saint-Denis, quatre mille sept cents dollars. En plus des dons en argent, les gens offraient de venir nous aider à rebâtir et nous donnaient des antiquités. Eh bien, ils ont tenu parole. Ernest Beaulieu de Vonda a gardé le chemin ouvert pour que je puisse continuer d'aller travailler à l'étable. Philippe Denis a apporté le bon bois chez nous. Alexandre Lepage, mon beau-père, âgé de soixante-dix-neuf ans, coupait les morceaux à la bonne longueur et Clotaire Denis, mon père, enlevait tous les clous des vieux bardeaux. Lorsque l'étable fut presque complètement démolie, les gens sont arrivés pour commencer la construction du Saloon. Après un certain temps, nous nous sommes aperçus que nous n'aurions pas assez de bois.

Ce soir-là, Thérèse et moi sentions le découragement nous gagner. Thérèse pleurait, et moi j'étais à bout, alors je lui dis : « On ne peut rien faire de plus ce soir, allons nous coucher. » Le lendemain matin, le téléphone sonne et c'est quelqu'un qui nous offre son étable. Ce même jour, Ronald et moi commencions à la démanteler.

Ce scénario s'est reproduit cinq fois et chaque fois, le téléphone nous réveillait le matin avec une offre différente. Après la troisième fois, je commençais à aimer cette nouvelle façon de régler nos problèmes et je disais à Thérèse : « Allons nous coucher, le téléphone va sonner demain matin. » Je réalise maintenant que quand Dieu donne, il le fait lorsque nous en avons besoin et non une semaine d'avance. Au début, je trouvais cela très dur, car comme tout homme indépendant, j'aurais aimé être en charge et savoir que le lendemain, tout irait sur des roulettes, mais pendant cette période, je dépendais complètement du Seigneur et je devais accepter Sa façon de faire. Non seulement ai-je commencé à aimer notre situation, mais elle m'enlevait un grand fardeau des épaules.

Gary Dust de Bruno était le contremaître qui gardait tous les bénévoles à l'ouvrage. Lorsque le temps fut venu de poser les chevrons, Laurent Bussière, propriétaire de *Spray-Tech*, à Vonda, ferma sa manufacture pour une journée et arriva de bon matin avec tous ses employés. Et bien, à la fin de la journée, ils avaient installé tous les *rafters*, posé le bois contreplaqué sur la toiture et refermé les deux bouts. Incroyable.

Quelques jours plus tard, un samedi, les scouts de la Saskatchewan, sous la direction de Georgette Bru, venaient poser les bardeaux. Encore une fois, à la fin de la journée, ce travail était complété.

Au début mai, il fallait couler le ciment pour le plancher afin de pouvoir finir l'intérieur. Les hommes qui apportaient le ciment voulaient attendre, car la terre était encore gelée, mais nous ne pouvions pas retarder la production. Mike Kotelko, de Cudworth, installa la plomberie ainsi que le plancher chauffant. Aussitôt le ciment coulé, nous commencions l'intérieur. Entre garder un œil sur la construction et défaire des étables et des maisons, ce fut un temps très occupé.

Pour les canalisations des égouts, il fallait creuser pour rejoindre la ligne principale. Louis Leblanc nous prêta son *backhoe*. Dans la gelée, ce ne fut pas facile, mais nous avons réussi.

Ensuite, nous avions des feuilles de gypse de cinq huitièmes de pouce par seize pieds à poser sur un plafond dix-huit pieds de haut. Tout un défi. Mais encore une fois, Laurent Bussière se présenta avec un monte-charge électrique. Si on recevait de la visite, nous les mettions à l'ouvrage.

La date du 20 mai, jour des noces de Brigitte et Keith, approchait à grands pas. On ne voyait pas comment nous pourrions être prêts. Le vendredi 19 mai, toute la communauté arrive pour nous aider à nettoyer et finir les détails. L'électricien travaille jusqu'à deux heures du matin. Le plombier finit son travail et installe aussi les comptoirs afin de pouvoir poser les lavabos. Même l'abbé Bédard fait son apparition pour nous encourager. Malgré les rires et les plaisanteries, nous pouvions voir dans les yeux des gens qu'ils ne croyaient pas que tout serait fini à temps. À deux heures du matin, nous allions tous dormir.

À six heures, nous étions debout pour finir les préparatifs du banquet dans notre nouveau Saloon. La mariée, le marié, les filles et les garçons d'honneur, ainsi que les parents travaillèrent jusqu'à midi. Après les douches, quelques photos, l'attelage des chevaux, nous étions prêts à partir. J'étais assis dans le carrosse, prêt à conduire mon équipage, quand Keith arrive en courant me demandant s'il pouvait monter avec nous, car ses parents, avec qui il devait se rendre à l'église, l'avaient oublié. Je lui réponds que le marié ne peut être avec la mariée avant la cérémonie, mais que s'il voulait vraiment venir, il pouvait prendre mon cheval Trixie. Nous partons. Dix minutes plus tard, je vois de la poussière dans le champ et on peut distinguer la silhouette d'un cow-boy arrivant au grand galop. Keith nous rejoint et précède le carrosse jusqu'à l'église. En montant la butte, nous voyons tout le monde dehors. Nous recevons une ovation. Keith nous fraye un passage avec son cheval et nous le suivons. Après avoir fait le tour de l'église je dois demander aux gens d'entrer dans l'église, la mariée devant être la dernière. Cette belle réception nous a fait chaud au cœur et en plus, nous étions cinq minutes d'avance.

Même si la réception et la danse eurent lieu au Saloon, celui-ci était loin d'être terminé. Il manquait des décorations, des portes, et bien d'autres éléments, mais nous avions réussi, avec l'aide du Bon Dieu, malgré tous les retards, à compléter l'essentiel.

Le lendemain, à l'ouverture des cadeaux, Marc et Betty Gloutney, de grands amis, me demandent de venir à leur voiture. Ils ouvrent la valise pour me montrer un crâne de bison avec une fleur jaune entre les cornes. Ils m'en avaient déjà donné un semblable, mais il avait été détruit dans l'incendie. Je savais qu'ils en avaient un autre encore plus beau et c'était celui-là que nos amis m'offraient aujourd'hui. S'en séparer était pour eux un grand sacrifice. Ce fut difficile pour un certain cow-boy de ne pas fondre en larmes, mais un cow-boy ne pleure pas.

Les gens apportèrent, longtemps encore, des objets et des antiquités de toutes sortes. À trois reprises, des gens nous ont donné des maisons remplies de petits objets antiques. Nous revenions avec notre camion d'une demi-tonne chargé de trésors.

Une bonne fois, un couple de Colonsey, monsieur et madame Lawrence, m'ont donné une vieille étable Eaton. En plus de l'étable, ils m'ont donné des charrues et des journaux datant de 1916 à 1950. Le plus extraordinaire fut leur cadeau de grelots pour mes chevaux. J'en voulais depuis tant d'années car ils étaient rares et très dispendieux. Nous pouvions désormais fêter Noël comme il se doit.

Durant l'hiver de 1995-1996, Keith me demande un piano, car un saloon sans piano n'est pas un vrai saloon. Je lui réponds que nous n'avons pas d'argent pour un tel achat. Ceci aurait dû être la fin de la requête, mais le lendemain, le téléphone sonne et une femme de Lumsden, un village près de Regina, me dit qu'elle a un vieux piano en bon état et que si nous sommes intéressés à l'avoir, elle nous le donnerait. Je lui réponds oui, mais qu'avec l'hiver, je n'ai pas les moyens de le faire transporter chez nous. Elle me dit qu'elle va me rappeler dans une heure. Une heure plus tard, elle me rappelle pour me dire qu'un déménageur de piano de Regina s'en vient à Saskatoon et a accepté d'apporter le piano chez nous sans frais. Dans l'après-midi, le piano est livré sur l'estrade, sans qu'on ait eu à lever le petit doigt. Vous comprenez que peu de temps après, Keith est au piano avec ses sérénades.

Je réalise que Dieu, sans se faire demander directement, nous accorde nos désirs en moins d'une journée. Je ne peux pas voir pourquoi nous refusons de croire à son pouvoir et que nous insistons à faire les choses par nous-mêmes.

Je ne sais pas si c'est durant l'été 1995 ou 1996, mais à cette époque le plancher du deuxième étage était seulement en bois rude. Comme de raison, Thérèse ne voulait pas le laisser dans cette condition. Alors, elle me demande de mesurer les chambres et les balcons afin qu'elle puisse aller en ville trouver quelque chose pour recouvrir le plancher. La fourgonnette était devant le Saloon et moi je prenais les dernières mesures lorsque, comme vous le devinez, le téléphone sonne. C'est un homme qui demeure près de Humboldt, qui nous dit qu'il a entendu parler de l'incendie, et qu'il avait acheté du bois franc pour refaire sa maison, mais que sa femme a changé d'idée, alors si on le veut, il est à nous. J'arrête la fourgonnette, emprunte le camion de mon frère ainsi que sa remorque à chevaux. Brigitte et Keith, les nouveaux mariés, partent chercher le bois. Et comme de raison, nous en avons juste assez pour refaire tout le plancher du haut.

Je commençais alors à réaliser que Dieu doit avoir un plan très spécifique pour nous et pour l'entreprise. On entend souvent parler de l'intervention de Dieu dans l'Ancien Testament, mais moins souvent au vingtième siècle. Je me questionne : « Qu'est-ce que le Seigneur peut bien vouloir de nous, de simples personnes comme nous, qui ne savons pas planifier plus que d'la colle, et notre Saloon, et notre *Wild West*? » Pour ne pas faire comme Zacharie, le mari d'Élizabeth (Lc 1, 13-21), nous acceptons de ne pas comprendre et continuons à faire notre besogne, mais avec encore plus de paix, de bonheur et de joie.

Oui, je considère ce Saloon, malgré son jeune âge, comme un don de Dieu. Comme un signe de Son amour. C'est une des légendes que j'aime conter. Même si je suis payé pour la conter, je crois que la grande majorité des gens sont touchés par ce récit. Plusieurs ont pleuré et j'espère qu'à travers les humbles paroles d'un shérif, d'autres chrétiens auront été rejoints par leur Créateur.

Le deuxième Saloon

Chapitre 25

Le bunker

Un certain monsieur Ragush m'avait donné un *bunker*, un bâtiment complètement fermé, posé sur des roues en fer. Cette maison roulante, précurseur des *motorhomes* d'aujourd'hui, servait aux hommes qui suivaient partout la batteuse pendant le temps des récoltes.

Malgré son état dilapidé, la maison arriva chez nous après un voyage de trois milles et demi. Une fois ici, nous l'avons défaite et ensuite refaite sur le même modèle.

La semaine après avoir terminé les changements, Francine me dit qu'un couple qui se mariait au Bessborough, le grand hôtel CN au centre-ville de Saskatoon, avait loué le *bunker* pour leur lune de miel.

Je n'ai pas cru Francine, mais elle m'avertit que je devais rester réveillé pour les accueillir. À deux heures du matin, cette belle auto blanche décapotable arrive dans la cour. Je mets mon chapeau de cow-boy et vais à leur rencontre. La mariée porte sa belle robe blanche, le marié, son tuxedo. Ne pouvant pas croire qu'ils voulaient vraiment passer la nuit dans le *bunker*, je leur montre la chambre de lune de miel du Saloon. Elle me répond que la chambre est très belle, mais que ce n'est pas ce qu'elle a loué.

Avec hésitation, je les conduis au *bunker*. J'ouvre la porte et la mariée, dans sa belle robe blanche, monte les marches, inspecte l'intérieur, se tourne vers son nouvel époux et dit simplement « C'est l'endroit ». Je n'en crois pas mes oreilles.

Nous ne les avons pas revus avant une journée et demie plus tard. Nous commencions à imaginer le pire lorsqu'on les aperçut, marchant dans la cour. C'est là que j'ai réalisé combien j'étais vieux, et que j'avais oublié l'engouement d'un couple nouvellement marié!

Depuis, nous avons reçu six couples comme celui-ci et chaque fois, je réalise à ma grande stupéfaction qu'il y a encore des femmes qui sont plus intéressées par leur mari que par une belle chambre d'hôtel!

Une expérience différente eut lieu lors d'une réunion de famille. Un homme de cinquante ans, qui appartenait au groupe, vivait avec une fille d'une vingtaine d'années et les deux avaient loué le *bunker* pour la fin de semaine. Le problème, c'est que les autres membres de la famille ne voyaient pas cet arrangement d'un bon œil. Donc, le samedi soir, à trois heures du matin, quelques jeunes gens décident de prendre l'affaire en main : ils « empruntent » mon petit tracteur, barrent la porte du *bunker* et le déménagent sur le flanc d'une côte.

Le lendemain, nous apprenons que le couple avait cru qu'il y avait un tremblement de terre et s'était jeté sur le plancher avec frayeur.

Je ne sais pas si cet épisode cocasse a aidé à la bonne entente dans la famille, mais au moins je sais que tous ont bien ri.

Chapitre 26

Les bunkhouses

Sur la ferme, nous avions quatre graineries qui avaient été déménagées dans notre cour de chez Chauvet, notre terrain à six milles d'ici.

Au début de l'entreprise, nous nous servions rarement de ces graineries parce qu'elles étaient trop petites. Mais lorsque l'on entreprit de faire des camps d'été pour des jeunes, et qu'il nous fallait un endroit pour les loger, l'idée nous est venue de les utiliser. Sur le côté qui sera le devant de la cabine, nous découpons deux petites fenêtres avec des volets; la porte est remplacée par une porte de maison et deux lits superposés sont installés dans chacune.

Nous finissions la deuxième lorsque nous recevons un appel d'adultes qui veulent les louer, des adultes mariés. Rapidement, un des lits est changé pour un lit à deux places, afin d'accommoder un couple. Nous finissions la troisième et nous recevons un autre appel pour l'utilisation d'une cabine par une personne en fauteuil roulant : il faut installer une porte plus large pour l'accommoder.

L'intérieur de nos cabines n'est pas changé, sauf pour installation d'une lumière et d'une prise de courant. On est en affaires! Cependant…

Ça ne nous prend pas longtemps avant de réaliser qu'avec une toiture noire et sans isolant dans les murs, ces petits logis sont très chauds le jour et froids le matin. Alors il faut penser à des changements.

Une parenthèse : au début, nous appelions ces logis des cabines, mais après avoir déçu une cliente qui nous fit connaître sa déception car il n'y avait pas de toilettes, d'armoires, et de commodités telles qu'on en trouverait dans un chalet, par exemple, nous avons décidé de changer le nom de cabine pour *bunkhouse* (bâtiment-dortoir). Une autre fois, nous avons reçu une dame qui vient pour passer la nuit. Lorsqu'elle s'est rendu compte à quel point ces *bunkhouses* étaient rustiques, elle voulait retourner en ville. Je l'ai convaincue d'oublier ses airs hautains et de jouir de la vie.

En 1997, nous isolons les murs et le plafond et recouvrons le tout avec des planches de vieille maison. Ensuite, nous peinturons les murs avec des restants de peinture. Chaque *bunkhouse* est peint d'une différente couleur. Pour achever le tout, nous nommons chacun d'après les oiseaux des environs. Suivant d'aussi gros changements, le prix de location monte de vingt-cinq à trente-cinq dollars.

Lorsqu'on pense que tout est parfait, on reçoit un nouveau défi : un matin, une autre femme est venue me dire que le *bunkhouse* est confortable, mais que son mari, au milieu de la nuit, a eu besoin de se servir de la bécosse. À son retour, après sa marche dehors, il était très réveillé et a commencé à la taquiner. Elle n'avait pas été impressionnée et m'a demandé de songer à une autre amélioration. Pour régler ce nouveau petit problème, nous construisons en 1999, une rallonge pour ajouter une salle de bain complète. En 2000, nous finissons les rénovations avec quelques ajouts dans le décor intérieur pour donner aux *bunkhouses* une atmosphère encore plus accueillante.

Naturellement, le prix pour louer va probablement augmenter à cinquante dollars l'unité! En ce moment, je crois que ces « graineries-cabines-bunkhouses-bâtiments-dortoirs » ont été améliorés à leur maximum. Qu'en pensez-vous?

───────⊂∞∞⊃───────

Bunkhouse

Chapitre 27

Le Town Hall

Lorsque nous avions acheté la ferme, il y avait une étable sur les lieux qui avait six ajouts. Nous avons démonté les ajouts, enlevé huit pieds des murs de l'étable et abaissé la toiture sur les fondations. Ceci fut accompli à l'aide de quatre tracteurs équipés de pelles mécaniques. Ensuite, nous avons démantelé une autre étable à dix milles de chez nous qui appartenait à mon beau-frère. Nous avons fait la même chose, excepté que nous avons posé la toiture sur quatre traîneaux à chevaux, car c'était le début de décembre, et l'avons traînée chez nous avec un tracteur. On a traversé la route 5 et un grand étang sans incident. À la maison, nous avions construit des fondations sur lesquelles, à notre arrivée, nous avons pu installer la toiture. Durant nos années en agriculture, cette grange servait d'entrepôt pour le grain.

Lorsque nous avons commencé l'entreprise, cet entrepôt devint notre étable pour les animaux. La toiture coulait, les murs penchaient vers l'extérieur. Nous savions que ses jours étaient comptés.

La décision de détruire cette étable fut prise à l'automne 1995, lorsque nous avons accepté d'accueillir la grande réunion de famille Bussière prévue pour le début juillet et que nous pensions avoir besoin d'un autre endroit pour recevoir nos invités, en cas de pluie.

Durant l'hiver, l'étable fut démantelée et dès le printemps, nous commencions à construire le nouveau bâtiment. À cause du gel, nous avons embauché quelqu'un pour creuser des trous de cinq pieds de profond pour nos colonnes de soutien.

Nous avons assemblé les poutres au sol et les avons ensuite soulevées et installées sur les piliers à l'aide de deux pelles mécaniques. Tout s'est bien passé jusqu'à ce que le vent s'élève avec assez de force pour que les poutres commencent à vaciller. En dépit du risque qu'une poutre nous tombe dessus, tous ceux qui étaient présents étaient grimpés sur les échelles pour attacher les poutres aux piliers de soutien. Malgré tout, nous n'avons perdu que la poutre du milieu qui a cassé en tombant.

Un nouveau record de vitesse fut établi. Le jour avant l'évènement, tout était prêt. Nous avions un Town Hall.

Quelques semaines plus tard, on s'aperçoit que la toiture n'était plus droite. En examinant la situation, nous réalisons que les poteaux de l'intérieur commencent à s'enfoncer dans la terre sous le poids qu'ils supportent. Que faire? Avec le *front end* et un *jack all*, nous relevons chaque poteau et fixons des morceaux parallèles au sol de chaque côté de celui-ci. À notre soulagement, ceci résout le problème.

J'avais l'intention d'utiliser ce bâtiment comme garage l'hiver, mais un visiteur me suggère d'en faire une patinoire. Ce fut un attrait de plus et un grand succès.

La patinoire dura quelques années, mais en 2003, une année de grande sécheresse, nous n'avions plus d'eau alors, pour construire un plancher, on s'est servi de madriers de deux pouces par dix pouces et du *plywood* de la maison à Bertrand Bussière, qui avait brûlé.

Ce bâtiment fut construit en cas de pluie durant une activité, mais depuis 1996, on ne s'en est jamais servi à cette fin, car il n'a jamais plu sur un groupe que le Saloon ne pouvait contenir. On s'en sert maintenant comme entrepôt durant l'hiver et en été, comme emplacement supplémentaire pour les groupes qui dépassent cent cinquante invités.

Quand on croit que tout est fini, une nouvelle idée se présente. Donc, en 2008, on devait recevoir un gros groupe. Sur trois côtés du bâtiment, une moustiquaire de trois pieds avait été posée, de même qu'une toile qu'on pouvait dérouler en cas de vent ou pluie. Comme on ne s'en est jamais servi, l'idée me vient de prendre les portes-patio qu'on avait remplacées sur notre maison pour en faire des fenêtres. Malgré le peu de temps avant l'arrivée du groupe, j'enlève la toile et la moustiquaire; je fabrique des cadres pour les vitres, qui s'ajustent exactement dans l'ouverture, et dans le temps de le dire les voilà installées, trois fenêtres de chaque côté. J'étais satisfait, mais Thérèse trouvait qu'il manquait quelque chose. Des rideaux! Il n'y a pas à dire, ça fait du bien. Fini maintenant!

Voilà qu'en 2009, Sask Water pose des tuyaux dans la terre. Je leur demande d'abord si je peux récupérer les rouleaux des tuyaux afin de les brûler dans mon foyer. Je m'aperçois après que chacun de ces rouleaux peut donner quatre gros morceaux de bois d'environ cinq pieds par huit pieds, assez épais pour faire un plancher. J'avais aussi des planches et du bois franc d'une école que je venais de défaire. L'idée me vient de refaire le plancher du Town Hall car le premier était seulement une solution temporaire. J'ai tout mis ce bois dans le Town Hall pour y faire ce travail au printemps de 2010, mais je me suis mis au travail plus tôt que prévu. J'avais assez de madriers pour les poser très près les uns des autres. J'ai utilisé le plancher d'origine de l'école pour y clouer les 2 par 6, de 8 pieds de longueur, qui formaient la base du plancher. Ensuite j'ai posé des feuilles de *plywood* 4 par 8 (pieds) tout autour du périmètre intérieur. Le plancher en bois franc de l'école, qui forme le centre de la pièce, est devenu le plancher de danse. Dans mon enthousiasme, j'ai terminé en 2009!

Au printemps 2010, j'ai isolé le fond des murs, le bas des fenêtres et recouvert l'isolant avec des planches. Ensuite j'ai sablé et verni le plancher ainsi que les côtés. Wow! Notre Town Hall avait complètement changé d'allure!

Peu après, on reçoit un appel d'un groupe qui veut utiliser le Town Hall pour une activité le 8 décembre. Que faire? Il peut faire très froid à cette période de l'année. Je dis à Todd, le mari de Francine, que le seul problème est le haut du Town Hall qui est si peu isolé qu'on voit à travers. Malgré le fait que je ne suis pas supposé travailler à cause de mon accident, je réalise que Keith a chez lui les échafauds de Paul Hounjet. En les utilisant, mes petits fils Nicolas et Benjamin et moi parvenons à isoler le haut et recouvrir le tout, comme le bas, avec des planches, et ce, avant le 8 décembre.

Ce jour-là, les chaufferettes arrivent une petite heure avant nos invités. La panique! Malgré tout, il faisait presque trop chaud.

Et voilà le Town Hall maintenant fin prêt à servir à longueur d'année, et tout ça avec une allure vraiment attrayante.

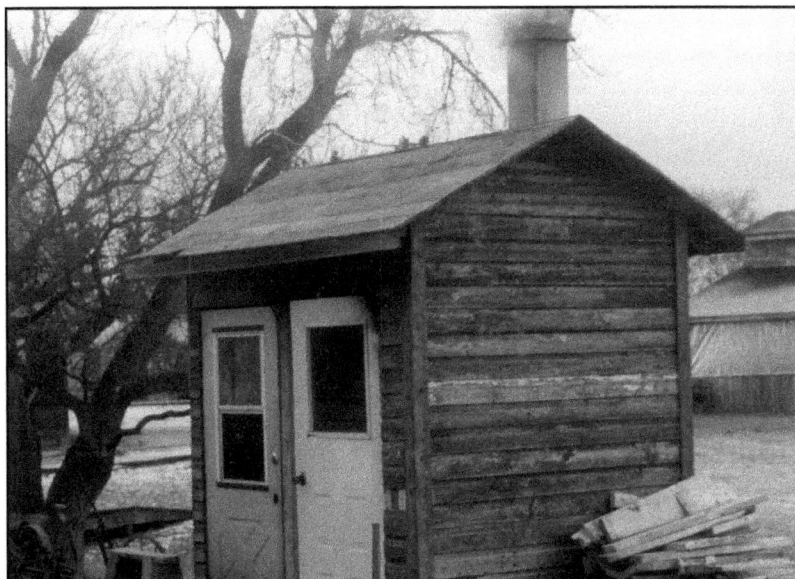

1re fournaise : chauffage au bois pour les bâtiments

2^e fournaise

Le Town Hall

Chapitre 28

La maison Le Naour

Notre aventure avec la maison Le Naour commença en 1985. Dans ces années-là, des octrois pouvaient être reçus pour construire des centres communautaires. Comme de raison, je me suis mis dans la tête que Saint-Denis aurait son centre. L'emplacement n'était pas choisi. Le site juste au nord de l'église était parfait, mais ce terrain appartenait à Roger Le Naour, un célibataire endurci d'une soixantaine d'années, qui n'avait pas l'esprit communautaire.

À part moi-même, personne ne croyait possible d'installer un centre dans une petite communauté comme Saint-Denis, alors l'endroit n'était pas prioritaire. Mais lorsque tout est tombé en place en 1984, il nous fallait cet endroit. Personne ne voulait aller demander pour le terrain, car nous savions la réception que M. Le Naour nous ferait. Finalement, Mme Irène Lepage, ma belle-mère, prit les choses en main et alla voir notre célibataire. La réponse de Roger fut claire : « *Over my dead body*. » Mme Lepage ne s'offusqua pas, mais en le regardant dans le blanc des yeux avec un sourire elle répondit : « Dans ce cas, je vais prier pour cela ».

Deux semaines plus tard, Roger Le Naour était en ville et traversait la grande route de Prince Albert, lorsqu'un semi-remorque entra en collision avec sa voiture. La prédiction de Mme Lepage se réalisa à la lettre. On ne sait pas si Mme Lepage avait réellement prié pour sa mort, mais jusqu'à ce jour, personne ne la contredit à Saint-Denis. Moi, étant donné que j'ai marié sa fille, lorsque nous avons une discussion, je couche souvent dehors au lieu de la contredire.

Après cet incident, les héritiers nous ont donné quatre hectares de terrain. Plus tard, ils ont voulu brûler la maison, car ils avaient peur que le fantôme de Roger vienne les hanter, mais je leur ai demandé si je pouvais la déménager. C'est pour cette raison que cette maison est ici, chez nous. Nous l'avons déménagée nous-mêmes et aujourd'hui on peut imaginer, en examinant ce pauvre logis, comment nos pionniers ont vécu.

M. Roger Le Naour, enterré à Saint-Denis, est mort millionnaire. Il nous a démontré, par l'exemple de sa vie, que c'est possible de devenir millionnaire en vivant pauvrement, en ne se mariant pas et en n'ayant aucun enfant. Sa dernière nuit dans cette maison fut le 16 octobre 1984.

Maison de Le Naour

Chapitre 29

Le Carriage House

Avec ses voitures dispendieuses telles que le carrosse, le démocrate, le traîneau, le buggy et les autres, Champêtre County devait trouver un endroit pour les mettre à l'abri. Le style de bâtiment nous est vite venu à l'idée, mais à quel endroit? Comme pour l'étable, il fallait trouver un endroit qui n'affecterait pas nos plans futurs.

Après discussion, nous décidons en 1997 de le placer près des *bunkhouses*. Ce fut une construction lente, car nous bâtissions à temps perdu. Même Thérèse, ma sœur, cette fille de ville, posa les bardeaux.

Deux ans plus tard, nous nous apercevons que cet endroit n'est pas le bon. Nous voulons des maisons à cet endroit et nous croyons que la place idéale pour notre hangar serait contre l'étable.

Tout marche à peu près bien lors du déménagement, mais comme je me sers du *front end* du tracteur, je peux avancer, mais pas tourner. Malgré tous nos efforts, nous ne réussissons pas. Déménager un bâtiment sans fond ni devant, poteaux en terre, comment faire? Tout à coup, au milieu de la nuit, je crois avoir la solution. Je réalise ce qui fait défaut : il n'y a pas de pivot sur le tracteur.

Le lendemain, l'erreur est corrigée et une fois le tracteur modifié en conséquence, le bâtiment est à sa place en peu de temps. Merveilleux!

Le démocrate

Chapitre 30

La maison Desmarais

Lors d'une visite d'un groupe d'aînés de Saskatoon, une dame, Lewis Campbell, me dit qu'elle a une vieille maison qui a la même sorte de piliers que ceux qu'on a devant le bar. Tout en parlant, elle me dit qu'elle est très attachée à cette maison, car elle a grandi là. Je lui dis que laissée vide, cette maison se détériorait vite et que peut-être, pour la garder en état, elle devrait me la donner. Avant le départ de la dame, j'oublie de prendre son nom et comme de raison, je la perds de vue.

Après avoir fini d'installer la maison de Brigitte et Keith, la moitié des fondations de l'annexe n'a encore rien dessus. Je me dis que cette maison serait peut-être la solution. J'essaie de retrouver la dame par l'entremise de toutes sortes de contacts, mais personne de Viscount ne la connaît. Sur ces entrefaites, nous recevons un appel de Mme Campbell qui veut réserver pour le temps des Fêtes avec sa famille. Recherche terminée.

Au printemps, on prend rendez-vous pour aller voir la maison. Quelle déception! L'apparence extérieure est pitoyable. Thérèse veut rebrousser chemin, mais puisque nous y sommes, je réponds qu'on devrait jeter un coup d'œil à l'intérieur. Toutes les fenêtres sont en bon état, la toiture n'a pas coulé et le plancher est en érable avec des plaintes rainurées. L'escalier du haut est très beau.

Et comme c'est une famille avec seulement un enfant qui y habitait, le plancher est en bonne condition. Ce n'est pas une grande maison alors je décide de prendre une chance et de l'accepter.

Cette maison était située sur le haut d'une colline et, pour placer notre camion, nous n'avions accès qu'à un seul côté.

Il y a une cave et la maison est très lourde. Après avoir soulevé la maison et glissé nos poutres de bois en dessous, nous essayons de la traîner par-dessus la cave, avec le résultat qu'on réussit à plier la poutre d'acier qui soutient les poutres de bois. Après quelques ajustements, on finit par la soulever au-dessus de la cave et la déplacer sur le chemin, proche d'une entrée très étroite. À cet instant, la niveleuse municipale passe et voit notre dilemme : l'homme offre d'élargir l'entrée. Au point où nous en sommes, nous ne voulons pas risquer de partir avec la poutre pliée, alors nous stationnons le tout afin d'en trouver une nouvelle.

Les moissons approchent et je sais que Normand va avoir besoin de son camion. Cinq cents dollars plus tard, nous avons une nouvelle poutre et nous pouvons repartir. On avertit SaskPower qu'on va avoir besoin de leurs services. Nous traversons la fameuse entrée avec les pneus penchés à trente-cinq degrés de chaque côté et nous sommes sur le chemin. Tout va bien et je veux aller un peu plus vite lorsque tout à coup, nous perdons les roues d'un côté. J'envoie Todd en ville trouver des boulons appropriés pendant que nous enlevons les pneus. Todd revient, on remet le tout ensemble. On repart, seulement pour perdre nos roues de nouveau dix milles plus loin car nous n'avons pas d'outil pour suffisamment serrer les boulons. Cette fois encore, Todd retourne en ville, Ronald et Keith relèvent le tout et je retourne à la maison pour essayer de trouver une clé.

Par chance, je tombe sur le vieil outil fait exprès pour les boulons en question. Ce soir-là, on s'est rendus jusque chez Lawrence, un demi-mille avant les lignes d'électricité. On s'est stationné sur le chemin.

Le lendemain matin à huit heures, on est prêt à partir. Tout va bien, on avance lentement. Tout à coup sur la radio, Normand réclame son camion. Je lui dis qu'il est impossible de lui ramener tout de suite, mais que vers seize heures je serai chez lui. On arrive à la dernière ligne d'électricité à midi. Comme de raison, SaskPower arrête pour dîner. Le syndicat! À quatorze heures et demie, nous arrivons chez nous. Comme le temps presse, nous stationnons la maison près du chemin, où elle est restée pendant un bon mois, alors que nous étions accaparés par les moissons. À seize heures, Normand a son camion. Le stress n'est certainement pas chose inconnue chez nous.

Après les moissons, juste avant l'hiver, nous finissons l'installation. Reculer n'a jamais été mon sport favori, mais Normand n'a pas le temps, alors pas le choix. Reculer dans un endroit serré en tournant et en plaçant une maison à un endroit précis est un défi de taille. Je peux vous assurer que le gazon n'a pas apprécié sa journée, mais à la fin de l'après-midi tout était en place.

L'année suivante, nous décidons de défaire la cuisine, qui n'était qu'une rallonge de la maison. Cette partie nous avait causé beaucoup de problèmes lors du déménagement. Cet hiver-là, j'enlève tout le plâtre dans la maison. À ma surprise, il y a deux couches de plâtre partout, ce qui explique la pesanteur de la maison. Nous enlevons le revêtement extérieur pour trouver dessous des planches de cèdre en parfait état. Ensuite, les bardeaux d'asphalte du toit sont enlevés pour découvrir qu'ils avaient été posés sur des bardeaux de cèdre aussi en très bon état. Déjà, l'apparence de la maison s'est grandement améliorée.

En 1999, nous construisons une galerie sur trois côtés de la maison et des balcons au deuxième étage sur les côtés à l'est et à l'ouest. Avec ces changements, cette maison devient une attraction. En l'an 2000, nous finissons l'intérieur, et voilà une vieille maison Eaton, qui était destinée à disparaître, retournée à son but premier : celui d'abriter des êtres humains.

Chapitre 31

La maison Limerick

La maison Limerick a fait son apparition dans nos vies à l'Halloween 1998. On avait utilisé deux tracteurs Kubota de la compagnie de Saskatoon pour l'évènement thématique et lorsque le conducteur vint en reprendre possession, nous lui avons parlé de notre entreprise.

Au cours de la conversation, le gars me dit qu'il existait une étable extraordinaire à Limerick, un petit village entre Gravelbourg et Assiniboia. Comme de raison, je prends vite les coordonnées nécessaires.

Quelques jours plus tard, peu avant le début des Fêtes, notre famille décide d'aller visiter les tunnels de Moose Jaw. Je suggère alors à Keith de partir plus tôt que les autres afin d'aller voir l'étable en question. On rejoindrait la famille pour dîner.

Arrivés à l'endroit désigné, nous nous apercevons vite que l'étable ne vaut rien. En revenant sur nos pas, à un mille de là, par contre, nous voyons une vieille maison tout près du chemin. Keith et moi décidons d'arrêter la voir. À notre surprise, la porte est ouverte et la maison est pleine d'antiquités. Il y a des chandeliers, un générateur trente-deux volts, deux buffets, des chaises, une belle fenêtre en plomb, et bien plus. La maison elle-même est belle, avec un plancher en érable, des grosses pièces de bois et un revêtement extérieur de qualité. Très intéressés, nous décidons d'aller à la ferme voisine pour demander à qui appartient la maison.

Par coïncidence, la vieille maison appartient à M. Smith, l'homme qui vit sur cette ferme. Après les premières salutations, je lui demande s'il consentirait à me laisser la maison telle quelle. Il me dit qu'il n'y a jamais pensé. Je lui donne ma carte d'affaires et lui mentionne, avant de partir, qu'une maison vide se détériore vite.

On arrive à Moose Jaw juste à temps pour le repas.

Au mois de mars 1999, je suis en train de couper du bois lorsque je pense tout à coup que je devrais appeler M. Smith. Ce soir-là, au souper, je reçois un coup de fil de M. Smith qui me demande si je suis encore intéressé à la maison. Je réponds oui, et que je voudrais aussi tout ce qui se trouve à l'intérieur. Après hésitation, il accepte, puisqu'il ne s'en est jamais servi à ce jour. Tout heureux, je lui donne rendez-vous pour le lendemain midi afin de conclure le marché et pour rapporter ce que je peux.

Le lendemain, Keith et moi partons de bonne heure avec la fourgonnette, tous les sièges enlevés. Avant de nous rendre chez M. Smith, nous passons par la maison : rien n'a été touché. Chez M. Smith, je confirme que je prends la maison dans son état actuel. Nous concluons l'entente par une bonne poignée de main.

Keith et moi ne perdons pas de temps. Nous remplissons la fourgonnette de tout ce qu'elle peut contenir. Quels trésors!

Au début d'avril, j'avertis mon équipe à la ferme qu'à la fin du mois, je vais prendre une semaine pour aller défaire la maison. En temps voulu, j'emprunte la Mercedes de mon père pour la semaine et dimanche soir, je demande à Thérèse si elle veut bien préparer ma valise.

Elle me répond : « Tu ne vas pas à Limerick ».

Très surpris, je l'interroge puisqu'elle sait depuis un mois que je dois partir et elle ne m'a pas soufflé mot jusqu'à ce soir. Aucune réponse de sa part et la température de la maison baisse rapidement. Mon rêve d'avoir un peu de plaisir ce soir-là a vite disparu!

Le lendemain matin, elle me supplie de ne pas partir, mais comme je refuse, elle commence à pleurer, crier et même elle se jette au sol. Elle fait tout en son pouvoir pour me faire changer d'idée, mais je ne cède pas. Après un certain temps, elle saute dans son auto et part pour la ville. Moi, comme je suis prêt, je la suis jusqu'au grand chemin numéro 5 devant chez Normand. Là, elle arrête son auto, vient à la mienne. Tout surpris, je baisse la fenêtre de l'auto et elle me supplie de ne pas oublier au moins, si je persévère à vouloir partir, de dire mes prières. Je suis d'accord et lui demande de me téléphoner chaque soir à neuf heures.

Je couchais à l'hôtel de Limerick, me levais avant six heures, prenais mon déjeuner et partais travailler. Tout ce que j'avais pour dîner était les *munchies* que j'avais pris de la maison avant de partir. Je travaille jusqu'à la noirceur, vers vingt heures, prends mon bain et ensuite mon souper. À vingt et une heures, Thérèse m'appelle au téléphone. Quel plaisir d'entendre sa voix!

154

Vendredi, journée ordinaire, je relaxe, car j'ai fini de défaire la toiture et je défais maintenant les planchers.

À sept heures et demie, je suis à genoux, penché contre une porte qui ne s'ouvre pas, en train d'attaquer le plancher d'érable. Tout à coup : *bang*! Je réalise que le bruit vient de la porte à côté de moi. Je me redresse pour découvrir ce qui se passe. En examinant la fenêtre de la porte, j'entends un autre *bang* et la vitre m'éclate en plein visage. Je me lève et en regardant la fenêtre, je réalise que j'ai devant moi des trous de cartouche. Dehors, j'aperçois une auto sur le chemin, tout proche, avec deux fusils sortant des fenêtres. Je fais ni une ni deux; je cherche vite une place pour me cacher. L'auto part, se rend au bout du chemin et arrête. Trois malfaiteurs en sortent et se remettent à tirer du fusil. Encore une fois je cherche un endroit pour me cacher, craignant qu'ils reviennent à la maison. Après un certain temps, ils repartent. Ouf!

L'auto à moteur diesel de mon père n'est pas la meilleure voiture pour se sauver! Je me rends chez M. Smith et l'avertis de ce qui vient de se passer. M. Smith part pour aller enquêter pendant que sa femme appelle la police. Il ne va pas loin et revient assez vite après avoir aperçu l'auto, les fusils sortant des fenêtres.

L'alarme est lancée à tous les voisins de rentrer leurs enfants et de ne pas se placer devant les fenêtres.

Même si je ne pense pas que mon aventure m'ait affecté, il me faut une bonne heure et demie pour me calmer. Enfin, à vingt et une heure et demie, fatigué d'attendre les policiers, je décide de retourner à l'hôtel. À ce moment, je remarque les lumières et les sirènes des polices à un demi-mille de là, alors je vais à leur rencontre. Trois autos de police avec cinq à six policiers revêtus de veste pare-balles et armés de carabines : un spectacle plutôt intimidant. Ils ont déjà arrêté les coupables et me demandent de les attendre à la maison. En arrivant, ils cherchent pour la cartouche, mais dans la noirceur, ne voient rien. Réalisant qu'ils cherchent les cartouches, je leur dis que celles-ci ne peuvent pas être à l'intérieur de la maison, car si c'était le cas, l'une d'elles m'aurait sûrement frappé et m'aurait tué. Alors ils font le tour de la maison et découvrent une cartouche sur le plancher de la galerie tout près de la porte contre laquelle j'étais appuyé. Les policiers me regardent, bouche bée. Finalement, l'un d'eux me dit que c'est un miracle que je sois encore vivant. Ils n'ont pas besoin de me le dire, car j'avais déjà réalisé que mon ange gardien et mon frère m'avaient protégé. Lorsque je pense que j'étais à six pouces d'une cartouche provenant d'une carabine de calibre 22, c'est assez pour faire frémir n'importe qui.

À l'hôtel, je me fais dire que ma femme a appelé toutes les quinze minutes et que les gens de l'hôtel se préparaient à partir à ma recherche. Il est vingt-deux heures et demie. Je rappelle Thérèse pour lui dire que tout est bien qui finit bien.

Elle ne me dit pas, et ne m'a jamais dit que j'aurais dû l'écouter et rester à la maison.

Un bon verre de scotch, un bon repas et au lit. L'énervement de la journée fait que toute la nuit, je dors comme une marmotte.

Dans une aventure comme celle-ci, on ne pourra jamais vraiment expliquer ce qui est arrivé. Quant à moi, je crois que, premièrement Thérèse, sans trop le réaliser, a eu un pressentiment qui l'a fait agir comme elle l'a fait. Deuxièmement, mes prières adressées chaque matin à mon ange gardien, à nos frères défunts et à tous les autres anges gardiens errants, ont été entendues par le ciel. Si la demande est faite, j'ai une confiance inébranlable dans le secours céleste, car après tout, après leur avoir donné la permission de nous aider, la foule glorieuse n'attend que ça.

Samedi soir, de retour à la maison, nous célébrons le cinquantième anniversaire de mariage d'oncle Lucien et de tante Madeleine. Pendant la veillée, un ballon éclate. Croyez-vous que j'ai sursauté! Je comprends un peu mieux, maintenant, les effets de la guerre sur les soldats.

J'avais demandé à la police de ne pas traîner les coupables en cour, mais elle ne pensait pas que ce serait possible. Plus tard, j'ai reçu un appel des policiers pour me dire qu'ils n'étaient pas obligés de les poursuivre, mais qu'au mois de juin nous devrions rencontrer les trois jeunes ainsi que leurs parents, un des policiers et un médiateur. Donc, en juin, nous acceptons la rencontre. Les coupables se sont excusés, mais personnellement, j'ai trouvé que leurs excuses n'avaient pas grand sentiment. Je ne sentais pas qu'ils avaient compris à quel point la situation aurait pu être sérieuse et tragique.

Je suis retourné à Limerick avec Ronald pour quatre jours au mois de juillet et encore une fois, j'ai mis mes partenaires célestes à l'épreuve. Je commence à m'inquiéter qu'ils se fatiguent un jour de moi et me laissent me débrouiller, mais je me sens quand même obligé de leur offrir des défis de temps en temps!

J'étais grimpé sur une échelle au deuxième étage. J'étais au haut de l'échelle et sans m'en apercevoir, j'étais en train d'enlever la planche sur laquelle mon échelle était appuyée.

Lorsque le morceau de bois lâcha, l'échelle tomba. Encore une fois selon toute logique, j'aurais dû être projeté dans le vide et atterrir sur des planches pleines de clous un étage plus bas, mais de manière imprévue, l'échelle glisse du fond, je tombe et ensuite l'échelle culbute dans l'autre sens. Après la surprise initiale, Ronald et moi avons bien ri de la situation pendant que mon ange gardien s'essuyait le front!

Au milieu d'octobre, Keith et moi sommes retournés pour deux ou trois jours en gros camion pour charger le bois. En revenant, Keith réalise qu'il a perdu son anneau de mariage. Trois semaines plus tard, nous retournons pour une autre charge de bois. Keith sort du camion, s'éloigne un peu, se baisse et ramasse son anneau.

Cette maison nous a causé bien des émotions.

Hallowe'en

Porte avec trous causés par les cartouches

Chapitre 32

La roche

Je me rappelle que durant notre jeunesse, il y avait une grosse roche sur le terrain de mon père. Un jour il décide de faire venir un *caterpillar* avec une lame pour la sortir de terre. À la grande surprise de tous, cette roche était plantée cinq pieds dans la terre. Après bien des efforts, elle fut sortie et poussée dans un étang. Plus tard, ce terrain fut vendu à la Fédération canadienne de la faune.

Plusieurs années après notre mariage, j'ai voulu déménager dans notre cour cette roche qui était à environ un mille et demi de distance de la maison. Comme de raison, je devais demander au responsable du terrain. Réponse négative, car il avait peur que je détruise l'étang. Je ne me décourage pas et continue à les harceler. En 1993, je demande à Marc Gloutney la permission d'aller chercher la roche. Il ne dit pas non, ni oui, mais fait une sorte de grognement. J'ai pris cela pour un oui. Il était probablement fatigué de m'entendre. À la mi-novembre, je sors nos tracteurs qui étaient déjà rangés pour l'hiver. Il y a le gros Versatile avec ses huit roues et un autre avec la lame. Je me rends au site avec Brigitte, Keith et Ronald. Ne pas pouvoir massacrer l'étang nous complique la vie. J'attache une chaîne autour de la roche, mais tout de suite elle glisse par-dessus. Après plusieurs essais, on n'est pas plus avancé. La noirceur approche et je sais que si on ne finit pas notre projet aujourd'hui, c'est peine perdue. Impatient, je ne pense pas trop clairement. Keith essaie de m'expliquer comment faire, mais je refuse d'écouter un jeune sans expérience, oubliant que ce même jeune a fait une année d'ingénierie à l'université. Finalement, exaspéré, je lui dis « *go ahead* ». Il attache la chaîne autour de la roche et fait signe à Brigitte sur le Versatile de reculer. Keith aurait dû se mettre de côté, mais il reste là et à la dernière minute, le pied de Brigitte glisse de la *clutch* (pédale d'embrayage) et le tracteur recule vers Keith qui se trouve entre le tracteur et la roche. Ronald et moi retenons notre souffle. Mais encore une fois nos anges gardiens s'en chargent. Brigitte, au lieu de paniquer comme elle aurait pu le faire, remet ses pieds sur la *clutch* et les freins. Le tracteur arrête à quelques pouces de Keith. Un long moment de silence suit et nous permet de reprendre nos esprits et envoyer un remerciement vers le ciel.

Sans perdre un moment, nous réessayons et cette fois la roche suit le tracteur hors de l'étang. Une fois sur le chemin, tout va bien et on entre dans la cour. Thérèse avait décidé de placer la roche dans son jardin et on avait coulé une plaque de ciment comme base. Étant dans de la terre cultivée, la roche s'enfonce et nous avons besoin des deux tracteurs pour la mettre en position. Thérèse la voulait d'une certaine façon, mais déménager une roche de cette taille d'un pouce par ici et un pouce par là n'est pas chose facile. Finalement, à la noirceur, notre roche est en position et je n'ai jamais su si le personnel de la Fédération de la faune s'est aperçu que leur roche avait disparu.

Aujourd'hui, chaque fois que je regarde cette roche, je pense à mon ange gardien.

La roche tirée par le tracteur

La roche

Quatrième partie

Les aventures du Shérif

Chapitre 33

Mes légendes

La plupart de nos activités se sont développées sans aucune préparation ou préméditation. Un soir d'hiver, nous avions un groupe qui était prêt à retourner à Saskatoon, mais l'autobus qui les ramenait en ville n'était pas encore arrivé. Alors pour occuper nos invités, je décide de raconter la *Légende du blaireau*. Tous s'en sont réjouis et m'ont applaudi. Ce soir-là, on décrit l'évènement à Thérèse. Elle n'est pas contente, car elle croit que ce ne devait pas être très bon et nous dit de ne plus recommencer.

Pas longtemps après, encore la même situation, et cette fois je raconte le récit de l'incendie du Saloon. Plusieurs pleurent et à la fin, nous recevons une ovation. Encore cette fois, Thérèse n'est pas là et finit par nous disputer. Quelques jours après, Cora et Hervé Poilièvre, des amis de la famille, viennent avec un groupe. En causant avec Cora, je lui parle de mes légendes. Elle veut les entendre, mais je lui avoue que Thérèse refuse que je les raconte. Un peu plus tard le même soir, Thérèse change d'idée. Je lui rappelle que peu de temps avant, elle ne voulait rien savoir. Elle me répond que maintenant c'est différent, car nos invités sont prêts à payer trente dollars pour les entendre. C'est la première fois que je me fais payer pour parler de nous-mêmes. Cette fois, je suis nerveux et je décide de conter la *Légende du*

Hibou pensif : je raconte comment au début, à son arrivée en Saskatchewan, mon grand-père Clotaire Denis fréquentait un chef indien et devint son ami. En signe d'amitié le chef lui donne sa coiffure amérindienne de plumes (*headdress*). Il dit à mon grand-père de remettre ce *headdress* à son fils qui recevra le nom Hibou Pensif. Grand-père accepte le cadeau du chef sachant bien qu'un blanc ne donnerait pas ce nom à son fils. La coiffure a été transmise à mon père. Lorsque mon père a appris que mon nom de scout était Hibou pensif, il m'a remis le *headdress* et m'a révélé l'origine de ce cadeau.

Pendant que je raconte mes légendes, je fume une pipe allumée au tout début de la session. Après un moment, tout le monde me regarde et le silence s'établit. Plus tard, j'hérite d'une grosse chaise berceuse; je m'assois et voilà, l'atmosphère est créée.

J'ai toujours prétendu qu'une légende est racontée par un grand-père ou un aîné dont le corps est tellement usé à cause de la vie dure qu'il a eue, que la seule chose qu'il peut faire maintenant est de se bercer, fumer sa pipe et rêver au passé.

Je prétends aussi que les légendes sont toujours vraies, et comportent une morale ou une leçon à retenir.

Toutes les années pendant lesquelles j'ai été conteur, je n'ai jamais perdu le contrôle de mon auditoire et je finis toujours avec un applaudissement chaleureux du groupe. Dans ces légendes, je parle du rôle que Dieu a joué dans notre vie, du respect qu'on doit donner à la nature et à nous-mêmes. C'est une façon subtile de parler de sujets dont personne ne veut discuter.

Je dois dire que j'ai appris comment conter des histoires à travers le scoutisme. Raconter des histoires est un important aspect du scoutisme et comme animateur je devais enseigner cette technique. Dans mon enseignement, j'ai pris l'habitude de tout faire ce qui ne devait pas être fait et ensuite demander aux autres de corriger le contexte et de bien raconter. Ce faisant, j'ai vraiment bien appris les techniques de conteur d'histoires et maintenant, avec notre entreprise, je mets celles-ci à l'œuvre. Nos invités ont l'air d'apprécier mes légendes!

Chapitre 34

Le père Noël à l'école

Au début de notre entreprise, on allait souvent dans les écoles de Saskatoon durant le temps de Noël pour faire faire des promenades en traîneau. C'était une tâche très lourde, car il fallait emprunter un camion-remorque et mes chevaux n'étaient pas toujours prêts à coopérer pour monter dans la remorque. De plus, il fallait d'abord défaire le traîneau pour le mettre dans le camion avant de tout réassembler une fois rendu en ville.

Une journée en particulier, nous nous rendions à une école dans un quartier défavorisé près de l'Hôpital St-Paul. Les enseignants de l'école voulaient placer le père Noël en arrière dans le traîneau, mais je leur ai plutôt proposé que le père Noël conduise les chevaux. Me voilà donc habillé en père Noël promenant les jeunes de l'école. Ce fut un vrai succès et comme ces jeunes n'avaient pas souvent de telles activités, j'ai prolongé pour une autre demi-heure.

Une fois mes tournées finies, je reviens à mon camion et voilà le père Noël qui fait remonter ses chevaux dans la remorque et défait son traîneau. Autour de moi, je ne sais pas pourquoi, la circulation est lente!

En retournant chez nous, je suis tout fier d'avoir fait plaisir à ces petits et je ne fais pas attention à la route. Tout à coup, je sens le camion passer par-dessus la chaussée de la grande route 5. Par expérience, je sais que la chance de revenir sur le chemin et de ne pas renverser est nulle. Je regarde dans mon miroir et je vois la remorque glisser dans le fossé en soulevant un nuage de neige. Devant, je vois une entrée approcher à une vitesse vertigineuse.

Je ne peux pas expliquer ce qui suit, mais tout à coup mon camion reprend le droit chemin en ne faisant aucun zigzag. À ce moment, une auto me croise. Comme tout se passe en montant une côte, j'arrête et je retourne à pied où tout s'est passé. Malgré cette frayeur, mon cœur ne palpite pas et je suis très calme. L'automobile que j'avais croisée s'est arrêtée aussi. L'homme est surpris de voir le père Noël et me dit qu'il ne comprend pas ce qui est arrivé, car il était certain que j'étais cuit. Les traces laissées par mon camion ne sont pas belles…

De retour dans mon camion, je tente d'expliquer l'inexplicable : le père Noël et saint George, patron des cavaliers, ne pouvaient simplement pas permettre un accident. Car pouvez-vous imaginer les manchettes du lendemain à la radio, à la télévision et dans les journaux : « Un accident de la route tue le père Noël et ses chevaux »?

Cet incident a réaffirmé ma certitude que le père Noël existe.

Le traîneau

Chapitre 35

Le père Noël au Saloon

Au milieu de décembre, les employés de la compagnie Cameco sont venus célébrer Noël chez nous avec leurs familles. Il devait y avoir une quarantaine de jeunes. Les invités patinaient sur notre étang et jouaient dans le labyrinthe tandis que moi je donnais des promenades en traîneau. Après les promenades, vers seize heures, je devais me changer en père Noël pour donner des cadeaux aux jeunes.

Comme de raison, je pensais que le père Noël devait venir en traîneau, alors dès que les jeunes rentrent au Saloon, je me change dans mon costume de père Noël pendant que Keith attache un gros sac de cadeaux derrière le traîneau. À cette époque, j'avais mes *quarter horses* qui pouvaient aller très vite. J'avais dit à Thérèse de me donner dix minutes et de dire aux jeunes de regarder par la fenêtre d'en haut sur le côté nord du Saloon. De mon côté, je pars au galop avec mon attelage, quelque chose qu'on ne devrait jamais faire. Je suis ma piste au nord, et comme le père Noël ne suit pas de piste, mais arrive sur de la neige vierge, je coupe à travers le champ au grand galop. Je suis debout au-devant du traîneau quand tout à coup, un des patins frappe une roche. Le traîneau se soulève dans les airs et la prochaine chose que je sais, me voilà sous le traîneau, tenant encore les deux guides, me faisant tirer sur le ventre. Je lâche un cri de « whoa » pour arrêter les chevaux, sachant très bien qu'à cette vitesse, mes chevaux sont à l'épouvante et ne vont pas arrêter. À ma grande surprise, tout juste avant d'arriver sur le dessus de la butte où tous les jeunes m'auraient vu, mon traîneau arrête. J'ai tout de suite réalisé que c'était un vrai miracle, mais je n'avais pas le temps de m'y attarder.

J'imaginais, dans ma tête, ma tuque, mes chevaux, ma barbe et tous les cadeaux répandus dans le champ. Quoi faire? Je ne peux lâcher mes chevaux pour aller les recueillir! Je me touche la tête et je réalise que la tuque est là, mes cheveux, ma barbe encore en place. À part un ou deux cadeaux éjectés du sac, tout était là. J'aurais dû embrasser cette terre que le père Noël était venu protéger, mais *the show must go on*. Je repars, encore au grand galop. J'entre dans la cour et le traîneau qui glisse de côté arrête devant les portes du Saloon. Keith prend soin des chevaux et le père Noël entre au Saloon avec son « HO, HO, HO! » familier. Pendant que le père Noël livrait les cadeaux, un lac d'eau se formait par terre, car la neige sur le père Noël fondait.

Je crois que ces jeunes ont vraiment cru à ce père Noël. Quant à moi, si j'avais encore des doutes avant, il ne m'en restait plus, car personnifiant le père Noël une fois de plus, j'avais fait une bêtise et il est venu me protéger pour sauver son nom.

Dans ce monde, nous sommes tous appelés à être les mains de Dieu et si nous acceptons la tâche, même avec nos faiblesses, Dieu va nous protéger.

Planches debout : labyrinthe

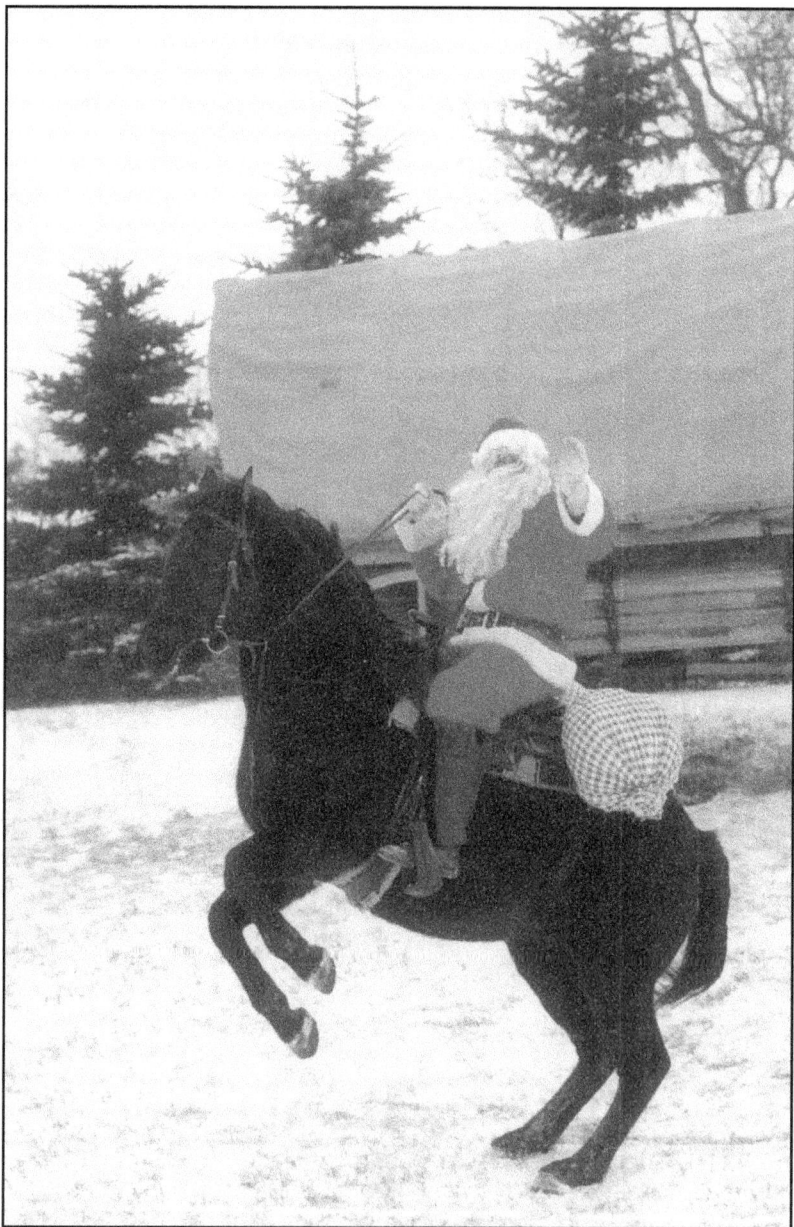

Père Noël

Chapitre 36

La bienvenue

Un beau matin, l'idée me vient d'aller rencontrer l'autobus scolaire de notre groupe de visiteurs au coin de notre demi-mille. Thérèse me dit que je n'ai pas le temps et de laisser tomber. Comme de raison et comme d'habitude, j'écoute mon intuition (d'autres diraient que je fais à ma tête!). Je pars à cheval habillé en cow-boy et je me place sur le haut d'une petite côte non loin du chemin, dans le champ appartenant à René Labrecque, et je tourne mon cheval pour faire face à la route.

Lorsque je vois l'autobus approcher, je galope à travers champ, monte sur le chemin et me place en plein milieu de la route. Quand l'autobus arrête, j'interroge le conducteur, fais le tour de l'autobus avec mon cheval et l'inspection terminée, je précède et conduis l'autobus chez nous, devant le Saloon.

Les exclamations et les commentaires des élèves et des professeurs vont bon train et sont incroyables. Les écoliers m'avaient vu à un quart de mille de distance et l'autobus résonnait d'exclamations de surprise à la vue d'un vrai cow-boy...

Ce fut le début de ces courtes randonnées et depuis ce temps, le cow-boy et son cheval sont toujours au rendez-vous.

Quelques fois, lorsque j'attends un groupe et que je n'ai rien à faire, j'arrête des véhicules circulant sur le chemin de Saint-Denis. Une fois, je fais stopper une famille avec quatre enfants. Par coïncidence, ils se rendaient chez mon frère André. Je leur pose toutes sortes de questions, vérifie qu'ils ont mis leur ceinture de sécurité et enfin les dirige chez mon frère.

Une autre fois, j'arrête un camion tirant une remorque. J'explique au chauffeur que des agriculteurs se sont fait voler des animaux et que je dois inspecter sa remorque. Le pauvre type tremble et me dit qu'il a une charge de cochons. Je lui réponds que dans ce cas, il s'est trompé de chemin pour se rendre chez mon frère cadet Laurent, qui à cette époque élevait des porcs. J'examine la remorque et comme de fait, le fermier transporte des cochons. Durant ce temps, l'homme cherche ses papiers de transport et est tellement énervé qu'il ne m'entend pas dire que tout est en règle. Après avoir examiné ses papiers, je le dirige chez Laurent.

C'est lors de tels incidents que je réalise l'effet surprenant, mais réel que j'ai, aussi bien sur les adultes que sur les jeunes.

Rencontrer les autobus, à cheval

Chapitre 37

La tête de buffalo

Au tout début de notre entreprise, je donnais des promenades en *rack* à foin à nos clients. Un jour, j'apprends que l'abbé Poilièvre, qui travaille avec les Autochtones, était venu chez mon frère Normand accrocher une tête de bison dans les arbres pour la faire sécher. Je demande à l'abbé si je peux l'apporter chez nous. Malgré les protestations de Thérèse, je vais la chercher et l'installe, avec une corde jaune autour des cornes, dans un bosquet d'arbres près de mon sentier. Ensuite, je trouve un porc-épic mort et le place bien en vue dans les broussailles au bord du chemin.

Après cette mise en scène, je suis prêt. Pendant nos promenades, je dis à mes passagers que lorsqu'on a la bouche ouverte pour parler, on ne peut ni entendre ni voir. Plusieurs professeurs et tous les élèves me contredisent. Un jour, après avoir dépassé le bison, je leur demande s'ils l'ont vu. Personne ne l'a remarqué. On fait encore un bout de chemin et je demande si quelqu'un a vu le porc-épic; encore la même réponse : personne n'a rien vu. Alors je leur dis qu'on va retourner et que cette fois personne ne doit parler.

On passe près du porc-épic et tout le monde le voit. J'arrête et leur explique que le porc-épic dort durant la journée et m'a donné la permission de prendre ses épines. Prenant le chapeau d'un passager, je tape sur le dos du porc-épic et plusieurs épines tombent dans le chapeau. Tous croient que cet animal est vivant et qu'il est mon ami.

Un peu plus loin, tout le monde fait « shhhhh », car ils ont aperçu le bison et ils ne veulent pas lui faire peur. Je leur explique que durant la journée, le bison, à cause de sa grosse fourrure, se met à l'abri de la chaleur. Pour expliquer la corde, je raconte qu'hier en soirée, pendant que je me promenais à cheval, j'avais aperçu ce bison. Comme un garçon imprudent, je m'étais approché et je l'avais pris au lasso. Cet animal, au lieu de se sauver, s'est retourné contre moi pour m'attaquer. Alors, pas plus brave qu'il faut, j'avais lâché la corde et m'étais sauvé. Le bison était resté pris.

Tout le monde est émerveillé et chuchote à voix basse.

Quelques fois, j'ai des passagers qui ne me croient pas et déclarent que le bison est mort. Je leur réplique que si c'est le cas, il n'y a rien à craindre, n'est-ce pas? Je les fais débarquer du *rack* et leur dis d'attendre que je m'éloigne un peu plus loin, sur la butte, car je ne veux pas mettre tout le groupe en danger à cause de l'incrédulité de quelques-uns. Ensuite, ils pourront, à loisir, aller flatter le bison. Après quoi je pars, et infailliblement, les saint Thomas nous rattrapent très vite. Personne n'est jamais allé vérifier mon histoire.

Dans une autre de mes tournées avec un groupe d'adultes, un des passagers qui venait d'apercevoir le bison avait aussi vu de grosses balles de foin rondes à un demi-mille de là, sur le flanc d'une côte. Il me demande si le buffalo fait partie du troupeau qu'on voit là-bas. Je pouffe presque de rire et pour me retenir, je fais seulement signe que oui.

Quatre ans plus tard, les personnes qui ont vécu cette expérience et qui reviennent nous voir me demandent si le bison est encore dans les parages!

Le porc-épic

Chapitre 38

Les aveugles

L'année suivant nos aventures avec la tête de bison et le porc-épic, j'ai déménagé une vieille maison dans le champ pas loin de chez nous. Cette maison était dilapidée, mais pleine de vieux papiers, d'antiquités, d'objets quotidiens d'antan. J'y amène mes visiteurs avec mes chevaux.

Une année, un pigeon y avait fait son nid. J'avertis mes gens qu'ils peuvent visiter la maison, mais sans faire trop de bruit, car j'ai deux bébés dans la maison qui auraient peur. Tout le monde cherche les deux bébés, mais ne voit rien qui ressemble à des tout-petits. Alors je leur montre un pigeonneau. Quelle merveille de voir et de toucher ces petits oiseaux!

Je lance un défi à mes visiteurs. Je leur dis qu'ils peuvent tout toucher, mais qu'ils doivent, parmi ce brouhaha, me trouver une tapette à mouche. Vingt personnes et quarante yeux plus tard, personne n'a trouvé le fameux objet. Alors je leur montre. Ils l'avaient tous vue, mais n'avaient pas réalisé ce que c'était parce qu'elle avait été fabriquée à la maison. Je leur déclare qu'ils sont aveugles, parce qu'ils ne voient pas quelque chose qui ne tombe pas dans la description connue d'un objet. Tout le monde est bien obligé de se plier à mon raisonnement!

Même si je suis souvent avec des professeurs qui ont étudié la psychologie, et même avec des psychiatres, j'explique aux jeunes que dans mon temps cette tapette à mouche s'appelait « tape-fesse », car si je n'écoutais pas, ma mère prenait sa tapette à mouche et me donnait une bonne fessée sans crier, sans dire s'il-vous-plaît et sans cérémonial. J'ai toujours cru que ma mère était grande de six pieds, mais en réalité elle en fait à peine cinq. Même aujourd'hui, lorsqu'elle me demande quelque chose, j'écoute.

Ensuite, j'explique comment les psychiatres dans leur sagesse ont convaincu tout le monde que taper un jeune allait lui faire du tort pour le reste de sa vie. À ce point, je questionne les adultes pour savoir s'ils tapent leurs enfants. La réponse est universellement « Non ». Alors je continue et j'explique que maintenant les jeunes sont gâtés, n'ont plus peur des adultes et en grandissant, ces jeunes deviennent confus, ne reconnaissent plus de figure d'autorité, finissent en prison, etc.

Maintenant, tous ces jeunes que l'on n'a jamais tapés de peur de les déranger mentalement ont besoin de psychiatres pour le reste de leur vie et ces derniers sont assurés d'une clientèle nombreuse et régulière à perpétuité.

Un jour, deux personnes viennent à moi après la tournée et me disent qu'ils sont des psychiatres. J'ai eu peur de me faire sermonner, mais au contraire, ils me disent que j'ai totalement raison.

Chapitre 39

Kidnappés

En 1992, nous avons reçu des élèves de la onzième et de la douzième année de l'Alberta pour un séjour de deux jours et deux nuits.

Avant de vous raconter mon histoire, il faut vous dire que Francine, notre fille, et son amie du Québec, Marie-Claude, travaillaient pour nous cet été-là et ces chères demoiselles décidèrent de mettre en scène un kidnapping durant la deuxième nuit avec ce groupe.

En accueillant le groupe au coin de notre chemin, je les avertis que nous avions des malfaiteurs dans la région et par conséquent d'être prudents. J'ajoute que c'est la dernière fois que je leur donne cet avertissement.

Lors de la deuxième soirée, les jeunes devaient se coucher à minuit, mais comme de raison, ils continuèrent à s'amuser jusqu'à deux heures du matin. À cette heure, mes deux filles prétendent vouloir aller dormir. À peine quinze minutes après le premier moment de silence, elles entrent dans une tente où trois garçons sont couchés, et saisissent un des garçons. Pendant l'échauffourée, les deux autres, somnolents, lui crient de rester tranquille. Elles le sortent dehors et l'emmènent dans la boîte du camion stationné tout proche. Elles répètent l'opération avec les deux autres pendant que moi je surveille le premier. Chacun de leur côté, les trois pensaient que leur copain se levait pour aller à la toilette. Le kidnapping s'effectua à la perfection.

À l'aide du camion, on emmène les prisonniers dans une tente installée à un mille de là. Après avoir fermé le *zipper*, les filles font un feu de camp, mais ne peuvent fermer l'œil, car les garçons refusent de dormir.

Le lendemain, je réveille le reste du groupe, car je viens de recevoir une note m'avertissant du kidnapping et je veux vérifier que c'est bien vrai. Après avoir constaté que trois garçons ont bel et bien disparu, je fais monter les jeunes dans la fourgonnette avec le professeur au volant; moi, je suis les traces du camion, à cheval. Après bien des détours, on arrive à la tente. Les malfaiteurs s'étaient naturellement enfuis à notre approche. Et on trouve les trois garçons, sains et saufs. Je les interroge. Ils me disent qu'ils pensent que ce sont mes filles qui les ont kidnappés. Je demande : « Comment pensez-vous que deux petites filles ont pu enlever trois solides jeunes hommes? »

À partir de ce moment, leur histoire se découd.

On les ramène à la maison et je demande à Thérèse d'aller chercher les deux filles. Elles sortent en pyjamas, les cheveux défaits comme si elles avaient dormi toute la nuit. Elles plaident l'innocence et j'avertis les jeunes que je vais appeler la GRC, car je pourrais avoir besoin de leur aide pour résoudre le mystère…

Plus tard, l'enseignant me dit que durant notre recherche pour les kidnappés, les jeunes, dans la fourgonnette, quelquefois riaient, d'autres fois pleuraient et parfois devenaient presque violents.

Trois ans plus tard, le secret n'a toujours pas été dévoilé et le prof me dit que les jeunes en parlent encore.

Avec cet épisode, nous nous rendons compte, à Champêtre County, à quel point notre coup de théâtre avait été réussi. Même les plus incrédules avaient été ébranlés. Un vaste champ de possibilités s'ouvrait à nous pour l'avenir. Nous nous étions bien amusés.

Chapitre 40

Le monstre

À la fin de l'année scolaire, les maîtres d'école ne donnent plus de devoirs aux jeunes pour ne pas avoir de corrections à faire. Sans devoirs, les jeunes passent leur temps à regarder la télévision et deviennent *brain dead*. Les mères, pour contrecarrer la situation, organisaient souvent des jeux de balle au parc Le Naour.

Un beau soir, peu de temps après l'arrivée de Keith chez nous, je reçois un appel de ma belle-sœur Roseanne qui me dit que ce soir-là, les mères et les jeunes étaient allés jouer à la balle à Saint-Denis. Et elle raconte :

« En arrivant au Parc Le Naour, deux jeunes garçons de huit à dix ans remarquent une petite butte de terre à l'autre bout du terrain de jeux. Par curiosité, ils vont investiguer. De l'autre côté de la butte, un trou. Les voilà à genoux pour regarder dans le trou, lorsqu'ils entendent un grognement et du bruit annonçant qu'un monstre s'en vient. Ayant regardé beaucoup de télévision, ils sont sûrs que c'est un gros monstre alors ils courent à leur mère en criant. Tout le groupe regarde et voit l'énorme monstre debout sur ses pattes arrière. Comme il n'y a pas d'homme fort autour (tous les hommes sont dans les champs), tout le groupe part à la course et descend au magasin. Un grand homme de six pieds et demi est justement là. Après avoir entendu l'histoire, l'homme, se prenant pour un héros, mais prudent tout de même, va chercher son gros fusil équipé d'un télescope.

Ayant monté la butte, il voit le monstre et, regardant par la lunette du télescope, il tire un coup. Le monstre tombe. Alors il dit aux mères et aux enfants d'aller jouer à la balle et qu'il s'occuperait du reste. Prenant la bête, il la traîne et la jette dans un étang, puis revient fermer le trou. Il retourne chez lui, comme un Hercule moderne. »

Ainsi s'achevait le compte rendu de Roseanne. Ayant raccroché le téléphone, je conte l'histoire à Keith, mon employé, et lui demande ce qui ne va pas dans toute cette aventure.

Keith est un gars solitaire, calme, qui aime la nature. N'étant pas personnellement allé à l'université, et Keith ayant un diplôme, j'étais content de travailler avec quelqu'un qui connaissait tout. C'est que, voyez-vous, après la petite école, on connaît un peu de pas grand-chose. Mais avec un diplôme universitaire on sait absolument tout.

Keith me dit que l'homme n'aurait pas dû tuer le monstre. D'accord, mais pas besoin d'une éducation universitaire pour arriver à une telle conclusion. Alors, je lui demande de se lever à cinq heures le lendemain matin afin d'aller évaluer la situation.

Avant de partir, j'apporte cinq ou six *wieners*, car on peut les mettre dans sa poche arrière pendant plusieurs jours, au besoin, et au bout de ce temps, ils sont encore bons. Laissant notre voiture sur le chemin, nous partons à la recherche de la bête mystérieuse. Nous trouvons un animal mort, dans l'étang. Il ne paraît pas très gros, mais c'est compréhensible, son esprit ayant quitté le corps. En vie, cette créature devait être, en vérité, très dangereuse.

Regardant de plus près, nous nous apercevons que c'est une femelle, récemment devenue mère. Nous retournons au trou qui avait été fermé et qui est maintenant rouvert. Keith et moi nous couchons à plat ventre, l'oreille à terre. Ce que nous entendons est triste à mourir, car ce sont des pleurs et des gémissements de nouveau-nés. La situation est grave, ça ne va pas du tout. En réfléchissant, nous concluons que ce sont des bébés qui, au fond du trou, ont peur et faim. Il faut les sortir de là et tout de suite. Keith me dit d'attendre ici pendant qu'il va chercher une pelle. Je réponds « Keith, tu ne peux pas utiliser une pelle! Peux-tu t'imaginer, tout petit, ta mère a disparu, tu as peur et faim, tu es seul dans ta tanière et soudain, quelqu'un avec un gros marteau cogne sur les portes? »

Réalisant son erreur, Keith me demande ce qu'il faut faire. Je lui réponds que c'est lui qui est allé à l'université, alors c'est lui qui doit trouver la réponse. Lui laissant les saucisses, je pars en lui disant que je reviendrais le chercher à midi.

Nous avions un groupe ce jour-là à Champêtre County, alors j'oublie Keith jusqu'à deux heures de l'après-midi, après le départ de nos invités. À ce moment, Brigitte relève le fait que Keith est absent. Je pars le chercher. Laissant ma voiture au bord de la route, je monte la butte et ce que je vois est assez pour faire peur même à un shérif! Keith est étendu sur le dos avec quatre bêtes gigantesques sur lui. Et je réalise qu'il n'y a rien de pire au monde que des monstres qui dévorent la cervelle d'un gars qui est allé à l'université, car ils vont ensuite se croire très intelligents! Ne pouvant laisser Keith dans cette dangereuse situation, j'avance à pas lents; quand je suis assez proche, les monstres me voient et disparaissent dans leur trou.

Keith se relève et je lui demande ce qui est arrivé. Et Keith de répondre :

« Lorsque tu es parti, je ne savais pas quoi faire, mais je me suis rappelé que quand j'étais petit, si j'avais peur, ma mère me chantait des berceuses pour me rassurer, alors c'est ce que j'ai fait. Pendant deux heures de temps, couché à plat ventre, j'ai chanté. Au bout de deux heures, une des petites bêtes – probablement un mâle, car les mâles sont toujours curieux – se montra le bout du nez pour voir ce qui se passait, mais lorsqu'il me vit, avec mon grand nez, et pas de poils dans le visage, il eut peur et ne voulut pas sortir. Mais il y avait, derrière lui, trois autres jeunes qui eux aussi étaient curieux. Et qu'est-ce qu'on fait quand on veut voir et quelqu'un est en avant de nous? On pousse. Les trois ont poussé si fort que le premier s'est fait jeter dehors et les trois autres ont suivi. Alors me voilà, à plat ventre, avec quatre petits énergumènes devant moi. J'ai sorti les *wieners* et leur ai tendus. Lorsqu'ils furent un peu apprivoisés et prêts à les saisir, j'ai retiré mon bras progressivement jusqu'à ce qu'ils soient tout juste devant moi. J'ai eu peur qu'ils mangent mon nez alors je leur ai donné les *wieners*. Pendant qu'ils mangeaient, je les flattais et les prenais par la fourrure et les soulevais dans l'air. Une fois qu'ils ont eu fini de manger, ils se sont mis à jouer avec moi. »

Maintenant, nous avions un problème, car des saucisses, ce n'est pas vraiment une nourriture appropriée, alors nous sommes retournés chez nous et avons apporté des *gophers*. Nous les apportions à Saint-Denis, creusions un trou près de la tanière et les enterrions. Pas folles, les petites bêtes creusaient pour les trouver. Nous les avons nourries pendant six semaines!

Je ne vous ai pas encore décrit le monstre. Nous en avons gardé la peau. En réalité, c'était un blaireau. Il n'est pas dangereux maintenant, mais vivant, si on s'approche de trop près, il pourrait blesser sérieusement, car ses griffes sont très longues et puissantes mais sa fourrure ventrale lui recouvre les pattes et il semble flotter.

Un jour, je passais à Saint-Denis et j'arrête pour rendre visite à mes petits amis. Ils s'amusaient, proche de leur tanière. Je marchais vers eux. Lorsqu'ils me voient, ils viennent à ma rencontre en une belle ligne droite. À mi-chemin, on se rencontre et on se regarde pendant cinq minutes. Tout à coup, ils se tournent de bord et rebroussent chemin; c'est la dernière fois qu'on les a vus. J'ai pris ceci comme un remerciement de leur avoir sauvé la vie. Je regrette que Keith n'ait pas été avec moi ce jour-là.

De cette légende il y a plusieurs leçons à tirer.

Oui, l'homme aurait pu dire aux mères et aux enfants de laisser le monstre tranquille et que tout irait bien, mais il voulait être un héros alors il tua cette mère, laissant quatre petits orphelins.

Vous les garçons, quand vous serez grands et que vous sortirez avec une fille, si un autre garçon veut se battre pour avoir votre compagne, je vous conseille, au lieu de vous battre pour jouer au héros, prenez la fille par la main et quittez rapidement le champ de bataille. Les filles n'aiment pas voir leur cavalier avec le nez en sang et des dents cassées.

Et vous les filles, si ceci vous arrive, *dump the guy*! Il y a beaucoup d'autres gars dans ce monde et ces messieurs doivent apprendre que se battre pour une demoiselle n'est pas une façon d'attirer son attention.

Enfin les jeunes, si demain vous entrez dans la maison et maman bougonne et est de mauvaise humeur car elle vient juste de brûler ses biscuits, sortez lentement et retournez dans votre chambre ou dehors. Lorsque vous l'entendrez siffler ou chantonner, alors revenez lui parler.

Voyez-vous, la terre est grande, il y a de la place pour tous. On n'est pas obligé d'être un par-dessus l'autre tout le temps.

Chapitre 41

Un camouflage

En 1996 à Champêtre County nous recevons pendant deux jours une classe d'une vingtaine de jeunes de septième et huitième année. Au début juin, il faisait très chaud, alors les jeunes me demandent d'aller jouer dans l'eau, un étang situé juste au sud de la cour. L'eau n'était pas profonde, mais c'était quand même un étang, alors je refuse. Les enfants insistent alors après plusieurs demandes, j'accepte d'aller en parler à l'enseignante responsable du groupe. Elle accepte de les laisser aller.

Keith, ayant entendu la réponse affirmative, me demande de retarder le groupe pour cinq minutes. Lorsque les jeunes partent, je les suis avec l'enseignante. Rendu à l'étang, je cherche Keith. Je ne le vois nulle part. Je sais qu'il devait être là, mais où? Je fais le tour de l'étang et je remarque une maison de rat musqué. En l'examinant de plus près, j'aperçois la forme d'un corps humain dans la boue. C'est alors que je réalise que la maison de rat musqué est la tête de Keith, recouverte d'herbe.

Je vais chercher la responsable et lui demande de venir voir la maison de rat musqué. Elle l'examine et tout à coup voit la forme de Keith et pense que c'est un cadavre. Elle devient toute blanche et la mâchoire du bas lui tombe. Je crois qu'elle va perdre connaissance mais lorsque Keith respire, elle revient à elle-même.

Je m'éloigne et j'appelle les jeunes. Ils viennent tous, passant par-dessus Keith sans même l'apercevoir. Au dernier enfant, Keith se soulève et saisit sa jambe…

Je n'ai jamais vu des jeunes si apeurés!

Chapitre 42

Thérèse et l'explosion

Je dis souvent que mon ange gardien me protège des conséquences néfastes de mes actions, mais quelques fois, les conséquences que nous subissons sont bien moindres que ce qui aurait vraiment pu arriver. Voici un exemple.

Automne 1993. Nous avions des poules que nous partagions avec Marc Gloutney. Une journée fut consacrée à les tuer et à les préparer pour le congélateur. Je les tuais et les ébouillantais, Marc et sa femme Betty les plumaient et Thérèse préparait l'eau bouillante et finissait de les nettoyer.

J'étais retourné à la maison pour chercher l'eau. Je voulais enlever le couvercle de la cocotte-minute qui contenait l'eau bouillante, mais sans aucun succès. Ne connaissant pas le principe qui fait fonctionner les cocottes, je la prends et la dépose par terre pour pouvoir mettre plus de force à l'ouvrir. Finalement je prends un marteau et frappe sur les poignées. Encore, aucun succès. En colère, je tempête contre Thérèse et son chaudron d'eau chaude. Thérèse chauffe l'eau de nouveau pour l'apporter à l'étable, ne sachant pas que le couvercle s'est bouché avec de la terre durant mon effort. Je ne sais pas ce qui se passe, mais tout à coup, le couvercle saute et l'eau bouillante frappe le plafond de la cuisine et ébouillante Thérèse. Elle lâche un cri. Par chance, son bras est devant sa figure. Eh bien! Dans le temps de le dire, tout le bas de son bras enfle. Elle a une ampoule sur le bras de la grosseur d'un pamplemousse, mais sa figure au moins a été épargnée. Comme nous devons bientôt partir en vacances pour la Colombie-Britannique, elle ne veut pas voir de docteur. Ces années-là, Berthe, la femme de Laurent, était consultante de jus aloe vera. On va chercher deux ou trois gallons de ce produit et Thérèse fait tremper son bras dans le liquide. Le reste du temps, elle enveloppe son bras dans un bandage.

Quelques jours plus tard, Thérèse, mes filles Brigitte et Stéphanie et moi, nous partons en voyage. Thérèse apporte son aloe vera et ses bandages. Quelle femme! Elle se soigne seule sans se plaindre. L'ampoule finit par disparaître, mais encore aujourd'hui, la coloration différente de sa peau à cet endroit témoigne de cette mésaventure.

Quant à moi, je sais maintenant ce qu'est une cocotte et je reconnais le respect qui lui est dû. Encore aujourd'hui, quand je vois le beau visage de Thérèse, je remercie nos anges gardiens, car elle aurait pu être défigurée pour toujours.

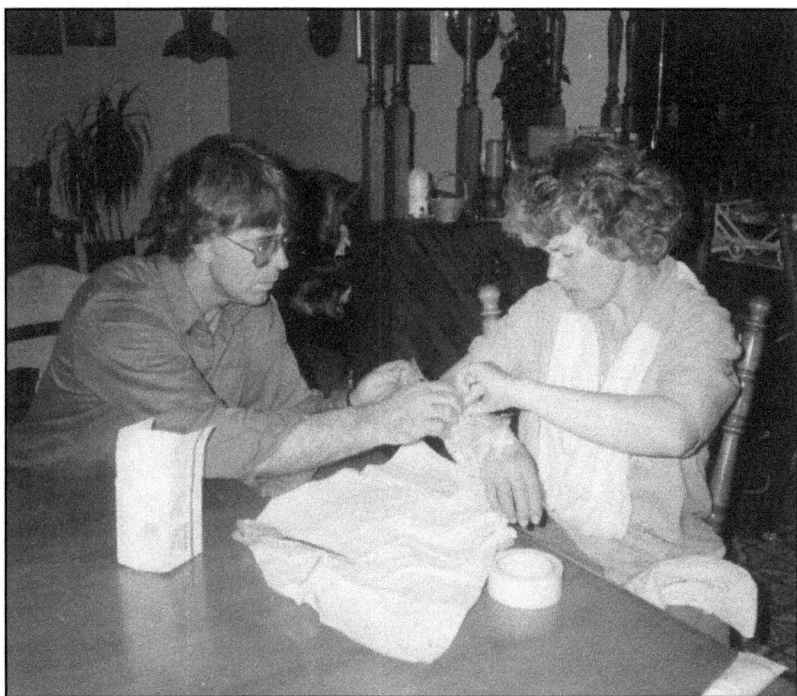

Thérèse et Arthur Denis

Chapitre 43

Le tribunal de Champêtre County

Je crois que l'activité *Kangaroo Court*, que l'on pourrait traduire en français par faux tribunal ou procès bidon, a débuté un été lorsque Stéphanie coupait l'herbe à Saint-Denis. Un groupe d'aînés ornithologues amateurs arrêtent lui parler. Elle leur suggère de venir à Champêtre County pour visiter l'endroit et nous rencontrer, ce qu'ils font. Tout en parlant, ils nous disent qu'ils appartiennent au club Golden Eagle Bird Watchers. Plus tard dans la conversation, on s'entend qu'ils reviendraient dans deux semaines avec tout leur club et que le Shérif les arrêterait pour avoir volé des aigles.

Ils sont arrivés – une dizaine d'autos – par un chemin de côté, mais nous les attendions! Nous les avons arrêtés avec six cavaliers. Ce fut un procès improvisé, sans aucun habillement extraordinaire. Ce fut un succès et le seul argent reçu fut le vingt-cinq dollars ayant servi à payer la caution.

Au début, pour correspondre à notre thème *Kangaroo Court*, je portais une peau de kangourou qu'André m'avait rapportée d'Australie. J'avais recouvert un casque de hockey avec cette peau en y ajoutant des cornes de vache.

À l'heure précise, un greffier apparaît sur l'estrade faisant face au groupe. Il exige le silence et demande aux personnes de se lever pour l'arrivée du juge *Thinking Owl* ou Hibou pensif. Je fais mon entrée, précédé par Keith qui agit comme mon garde de corps. Je suis vêtu de mon costume indien, le ventre à l'air, des sandales indiennes aux pieds, un bâton de marche à la main, et fumant ma pipe. La réaction des gens est incroyable.

Une fois assis, je lis mon script : nous avons trois personnes accusées d'un crime ou l'autre. Les crimes sont variés : usurper l'identité d'un cow-boy, ne pas être habillé pour la température, manquer de respect pour la nature, etc. Après des questions et des réponses *ad lib*, le shérif adjoint conduit les gens en prison.

Lorsqu'ils redescendent pour connaître leur sentence, ils sont habillés en prisonniers. Après les avoir trouvés coupables et condamnés à mort, je me radoucis un peu et réduis leur peine à les faire chanter et jouer des instruments de musique devant l'auditoire.

Après cet humble début, nous commençons à perfectionner notre technique : l'habillement, la pipe, le script et même une corde de pendaison qui tombe du plafond lorsque le juge déclare que la conséquence de ces crimes est la mort. Tous ces éléments produisent un effet incroyable.

Thérèse n'aimait pas la corde, et l'incendie de notre premier Saloon marqua la fin de cette coutume.

Après le feu, j'ai remplacé la tête de kangourou par la tête et la fourrure d'un coyote que Keith m'avait trouvée et préparée.

Beaucoup de gens sont passés par notre tribunal. Il y eut des prêtres et religieuses accusés de ne pas porter leur habit religieux; des gens qui vivaient ensemble depuis sept ans et qui n'étaient pas mariés. Dix couples se sont mariés après ces épisodes. Les raisons pour les traîner en cour étaient variées, mais beaucoup contenaient des leçons à être apprises.

Après la cour, les gens sont curieux de savoir comment nous avions choisi nos coupables et épatés d'entendre les paroles sortir si facilement de la bouche du juge comme si tout avait été pratiqué d'avance. S'ils savaient à quel point je prie fort le Saint-Esprit de m'éclairer et le supplie de parler à travers moi!

⸺⸺⸺∞∞∞⸺⸺⸺

Chapitre 44

Les conventions : Vancouver et Toronto

À l'été 1995, Francine gardait le fort pendant que Thérèse et moi étions sortis. Un couple de Vancouver s'est arrêté pour visiter le site. Avant de partir, ils disent à Francine qu'il y avait une conférence d'entrepreneurs sur l'île de Vancouver au mois de février et qu'ils essaieraient de nous faire inviter pour prendre la parole.

Un mois plus tard, on reçoit l'invitation, pour Francine et moi, d'aller y faire une communication, tous frais payés. Parler, c'est bien beau, mais il faut se préparer et ce n'est pas dans mes habitudes. On décide d'y aller en auto, pour que Thérèse puisse visiter ses sœurs par la même occasion.

J'avais décidé de m'habiller comme je le fais chez nous, avec veste, badge, *holster* et fusil, ce qu'on ne fait plus depuis le 11 septembre 2001. On se rend à l'hôtel et nous montons à notre chambre. Je me change et nous sortons. Nous prenons l'ascenseur, cet endroit où personne n'ose parler. Eh bien, tout le monde m'aborde et me questionne! Dans la salle de conférence, même histoire. Je voyais que deux gardiens de sécurité me fixaient attentivement, mais ils ne m'ont pas approché.

Nous avons fait notre discours d'une demi-heure. Tout s'est très bien passé. Francine et moi avons chacun fait notre moitié de la présentation.

Au banquet, tout le monde s'assoit, mais comme on me questionne de toute part, je ne me suis pas trouvé de place. Soudain, dans une salle de mille personnes, il ne restait plus une seule place assise. Les gens ont vite réalisé mon dilemme et dans le temps de le dire, une place s'est libérée, on a fait venir une chaise et me voilà installé pour manger.

Le lendemain, Francine et moi décidons d'aller faire une marche dans la ville. Encore une fois, j'avais mes habits de shérif et les piétons nous arrêtaient pour nous parler. On ne s'est pas rendus très loin. Les policiers passent, ralentissent et m'observent, mais ils continuent leur trajet. J'ai trouvé la vie de vedette excitante et Francine ne pouvait pas croire à quel point un costume pouvait opérer une telle réaction dans la foule.

L'année suivante, on nous invite à parler à la même conférence, mais cette fois, à Toronto. Francine devait y aller, mais pour une raison ou une autre, elle a dû annuler. J'invite alors Keith à m'accompagner, mais à la dernière minute, il se désiste. Il ne reste que moi. Je pars sans aucune préparation. Je devais parler pendant une demi-heure, à deux reprises, mais je n'arrivais toujours pas à mettre mes idées en ordre et préparer mon allocution.

Cette fois-ci, je suis resté habillé en civil jusqu'à mon discours qui avait lieu la deuxième journée. Pendant ce temps, j'étais anonyme, seul parmi tant d'autres. Une demi-heure avant ma présentation, je mets mes vêtements de shérif. Lorsque j'arrive au podium, je dépose une dizaine de feuilles blanches sur le lutrin. « Saint-Esprit, *you are on your own.* » Ça n'a pas pris de temps. J'étais dans mon assiette. L'auditoire paraissait intéressé. Après ma demi-heure, l'organisatrice réalise que le *speaker* qui devait me succéder sur scène était absent. Que faire? Finalement, elle me demande si je pourrais leur parler pour une autre demi-heure. Avec applaudissements, je continue sans difficulté.

Après cette séance, j'étais redevenu une star. On m'arrêtait pour me parler. Celle qui m'a présenté avant ma seconde communication a dit que je n'avais pas besoin de présentation, car j'étais maintenant connu de tous. Ce fut une expérience inoubliable. À la fin, ils m'ont remis les cassettes de mes discours. De retour à la maison, j'étais tout fier et prêt à faire écouter mes performances à ma famille. Pour une raison ou l'autre, j'ai commencé à les écouter en privé. Je n'en croyais pas mes oreilles! C'était pitoyable! Avec mon accent et tous mes tics de langage, je ne pouvais croire qu'on m'avait écouté, applaudi et côtoyé après. J'ai pris ces cassettes et je les ai cachées. Peut-être, après ma mort, un de mes petits-enfants les trouvera et rira de bon cœur des limitations de son aïeul.

————◈◈◈————

Chapitre 45

L'assurance-chômage

À la fin de 1995, après l'incendie, la construction du saloon et un été rempli d'activités, nous nous préparons pour les festivités de Noël et un hiver paisible. Tout change lorsque nous recevons une lettre du gouvernement nous disant que Thérèse sera l'objet d'une enquête par le département de l'assurance chômage. Il ne manquait plus que ça! Puisque nous avons toujours rempli les formulaires en français, c'était un M. Louis Hébert du Manitoba qui sera chargé de l'interrogatoire, le 16 janvier prochain.

Une fois le jour de l'An passé, nous nous préparons pour la fameuse investigation en rassemblant tous les papiers, chèques, etc. qui peuvent être d'importance.

Pour que vous compreniez ce qui se passe, je dois retourner en arrière, au début de notre mariage, en 1968. À cette époque, le gouvernement permettait de payer à peu près sept cent cinquante dollars par année à son épouse en salaire. Je le faisais donc chaque année. En 1989, les règlements changent et il est maintenant permis de payer à son épouse des salaires comparables à l'embauche d'un employé régulier. Naturellement, j'en ai profité, considérant que Thérèse aide à la ferme.

En octobre 1989, Thérèse fait pour la première fois demande pour de l'assurance-chômage. À la fin novembre, un inspecteur arrive sans s'annoncer et veut voir les chèques de salaire faits à Thérèse et les dépôts que celle-ci a faits de son salaire dans son compte de banque personnel.

Tout est en règle.

Les paiements commencent.

L'année suivante, la même chose se produit, avec la seule différence que Thérèse déclare alors une entreprise (*un hobby*). L'inspecteur revient et ne trouve aucun problème. On continue ainsi jusqu'en 1994.

Au début de 1996 nous ne comprenons donc pas pourquoi nous devons subir une enquête, mais nous nous doutons que la situation est délicate. Le 16 janvier 1996, M. Hébert arrive avec un homme de Saskatoon qui parle seulement anglais. Nous avions mis la salle de conférence du Saloon à leur disposition.

Je suis le premier à être interrogé, car je suis l'employeur. Presque au début de l'interrogation, il se met debout, les mains sur la table, me regarde et me dit qu'il sait qu'il y a de la fraude ici et qu'il va découvrir la nature de notre crime. Je réalise à ce moment que notre chance de sortir indemne de cette enquête est minime, car mon interlocuteur a clairement des préjudices contre nous et ne recherche pas la vérité.

Peu après, il me dit que nous avions été dénoncés par quelqu'un. Sans me nommer la personne, M. Hébert me lit une lettre. Aux trois quarts de sa lecture, je l'interromps et lui dis que je sais que l'auteur de la lettre est le gérant de la caisse de Saskatoon. M. Hébert est visiblement surpris et il change de sujet.

Dès que Louis Hébert finit de m'interroger, c'est au tour de Thérèse, mais je les avertis que s'ils bouleversent mon épouse, je les mets dehors.

Le lendemain, M. Hébert et son collègue vont voir Ronald Rivard, notre employé, ainsi que Roseanne et André qui sont aussi sous enquête. Le tout terminé, ils nous disent qu'il leur faudra quelques semaines pour analyser le tout. Pour André et Roseanne, c'est fini, mais pour nous, ce n'est que le début.

Plus tard au début de l'été, nous apprenons que nous devons aller en cour. Thérèse et moi allons voir un avocat de Cuelenaire & Baubier pour nous représenter. L'avocat choisi nous dit que notre chance de gagner est presque nulle, car aucun cas de cette sorte n'a jamais été gagné. Je le remercie et lui dis que dans ce cas, nous n'avons pas besoin de ses services, car je sais que nous sommes innocents. Avant de le quitter, je lui demande d'essayer de faire retarder notre apparition en cour jusqu'à l'hiver prochain, car nous sommes trop occupés avec notre entreprise.

L'hiver suivant, nous apprenons que l'audience a été fixée au 12 mars. La semaine avant cette date, Francine et moi devons nous adresser à une convention qui va avoir lieu sur l'île de Vancouver. Nous mettons toutes nos énergies à préparer notre discours. Thérèse décide de venir avec nous pour visiter sa sœur.

À notre retour, je réalise que je n'ai que trois jours pour me préparer pour défendre notre cause. Tous, nous réalisons que nous avons seulement deux options : tout remettre entre les mains du bon Dieu ou se préparer le mieux possible. Nous optons pour… les deux options.

Le jour de l'audience, toute la famille s'y rend. Brigitte attend son premier bébé d'un jour à l'autre. L'expérience se révèle très pénible pour moi, mais le juge est très sympathique à notre égard et dur envers l'avocat de la Couronne. En sortant de là, nous sommes sûrs d'avoir gagné. Une fois l'épreuve terminée, nous allons manger au restaurant. Brigitte nous annonce que ses eaux ont crevé le matin même, mais ne voulant pas ajouter à nos inquiétudes, ne nous a rien dit. Elle voudrait bien accoucher à la maison, mais les sages-femmes lui conseillent de se rendre à l'hôpital par crainte d'infection. Nicolas naît plus tard dans la journée.

Après l'entrevue avec Louis Hébert, ceux de nos enfants qui étaient à la ferme avec nous : Brigitte et Keith, Marcel et Ginette ainsi que Francine décident de commencer une neuvaine et des chapelets pour demander la protection du ciel. Aussitôt cette dévotion finie, nos jeunes décident de faire une neuvaine de neuf premiers vendredis du mois avec messe. Ceci est une toute autre affaire, car les vendredis, nous sommes occupés avec des groupes et pour remplir les obligations de la neuvaine de messes, nous devons nous rendre à Saskatoon. Ces jours-là, nous allons jusqu'à trois reprises à Saskatoon et en plus, ce n'est pas facile de trouver une église qui célèbre la messe aux heures qui nous accommodent. Ce fut très difficile, mais nous arrivons à la fin des neuf mois.

Au mois d'avril, nous recevons une lettre officielle nous annonçant que nous avons perdu notre cause, mais que nous pouvons toujours faire appel. J'étudie les papiers et dois bien admettre qu'il n'est pas possible pour nous d'entreprendre cette démarche.

Il nous reste seulement trois mois pour jouir de notre vie telle que nous la connaissons avant de perdre l'entreprise, car nous n'avons pas les moyens de payer la dette mentionnée dans la lettre.

Depuis, en repensant à ces trois mois, nous réalisons qu'une paix régnait. Nous dormions, mangions et nous nous entendions bien. La vie se poursuivait comme s'il n'y avait pas d'épée de Damoclès suspendue au-dessus de nos têtes.

Trois mois et une semaine passent; la lettre redoutée arrive. Nous l'ouvrons et nous voyons, écrit en noir et blanc, le montant dû pour chaque année, pour un total global de cinquante mille dollars. Nous déposons la lettre sur la table et poursuivons notre journée. Lorsque Marcel, le mari de Ginette, (qui s'y connaît mieux que nous en finances) revient le soir de son emploi à Saskatoon, Keith lui présente la lettre. Après en avoir pris connaissance, il nous regarde et nous félicite. Félicitations pour la perte de notre entreprise? En voyant nos airs abasourdis, il nous dit en riant : « N'avez-vous pas remarqué? Regardez. Le montant dû est bien cinquante mille dollars, mais en dessous c'est écrit : Montant dû = 0,00 $! » Impossible, mais vrai. Ce fut un véritable choc, mais on s'en est remis très vite. Thérèse apporta la lettre à l'avocat et la surprise de celui-ci était visible. Il nous dit qu'une telle chose ne s'est jamais vue et nous conseille de ne pas déclarer victoire, car le gouvernement s'apercevrait très vite de son erreur et reviendrait à la charge.

J'ai réalisé que Dieu avait bel et bien fait un miracle. Oui, je sais; souvent Il guérit les corps, mais comment a-t-il pu changer la décision du gouvernement? Mystère… En tous les cas, ce n'est pas à nous de chercher à comprendre et il faut tout simplement lui dire : MERCI! Et en fin de compte, je réalise que si j'avais gagné en cour, j'aurais pris tout le crédit en me disant que j'étais un bon avocat! Dans les circonstances, il fallut remettre toute la gloire à Dieu.

———❦———

Chapitre 46

La Fédération canadienne de la faune (FCF)

À l'époque où le gouvernement fédéral avait passé la loi sur les armes à feu, j'ai reçu un appel de Bob Clark, l'homme chargé du terrain de la faune sauvage tout près de chez nous. Il me demandait si je pouvais donner une promenade en *rack* à foin à la nouvelle ministre fédérale de l'Environnement. Je devais la rencontrer au site et la conduire à tous les endroits à l'étude. J'accepte, mais j'avertis Bob que je vais être habillé en shérif. Pas de problème.

Le jour arrivé, je me rends au site avec mon wagon vers onze heures. Peu après arrive une grosse limousine noire avec le drapeau canadien sur le côté de l'auto. Le chauffeur descend et on se présente. Ensuite, la ministre et ses gardes du corps descendent. On parle pendant une quinzaine de minutes et comme les employés de la faune sauvage ne se montrent pas, j'invite la ministre à bord de mon wagon et lui dis que je connais l'endroit en question et que je vais l'y conduire.

Nous nous rendons sur un site à proximité, où nous trouvons deux hommes travaillant dans un étang. En nous voyant, ils viennent à nous et nous expliquent ce qu'ils font. Ce scénario se répète à trois différentes reprises durant notre visite. Vers midi trente, on me demande où nous allons manger. Je ne m'attendais pas à cette requête, mais ils insistent pour que je choisisse un endroit. Comme dans les films, je trouve un petit coin de prairie, mes visiteurs installent une couverture sur l'herbe, sortent le panier et voici le lunch servi.

Nous retournons au site et la ministre et son entourage remontent dans la grosse limousine noire. Avant de partir, la ministre baisse sa fenêtre et me dit d'être certain de garder mon revolver dans son étui en tout temps. Je lui réponds que c'est très sage de sa part de me dire cela lorsqu'elle est saine et sauve dans sa voiture.

On ne m'avait certainement pas averti que je devais être entièrement responsable de la visite guidée, mais un shérif doit être capable de prendre des initiatives. Je ne me suis pas fait payer pour cette partie de la journée!

Marc, Thérèse et un canard

Chapitre 47

Le chemin de fer

Depuis 2003 environ, je rêvais d'avoir mon chemin de fer. Je n'étais pas sûr des plans, mais je savais que j'aurais besoin de rails, de traverses et de bien d'autres choses encore. Mais tout ceci prend d'abord de l'argent et du temps.

Cet hiver-là, le Canadien National (CN) organisa un *party* de Noël chez nous. Après les promenades en traîneau et le souper, je commence à m'informer quant à la personne responsable du matériel. Je suis dirigé vers un certain monsieur. Je l'approche et commence à lui parler de mon rêve. À ma grande surprise, il embarque dans la discussion et me donne de nouvelles idées. Il me dit même qu'il pourrait me donner les rails pour rien. J'ai presque explosé de joie. On se donne rendez-vous pour le lundi suivant sur le site du CN.

À l'heure prévue, j'embarque dans son camion et il me montre toutes les traverses de chemin de fer. Elles étaient presque neuves. Mon expérience m'enseigne de ne faire ni une ni deux : j'emprunte une remorque et avec mon camion 3/4 de tonne, j'apporte mon petit tracteur Kubota. Avec la pelle avant, je dépose les morceaux de huit pieds dans le camion et ceux de seize pieds dans la remorque. Sous le poids de la charge, le devant du camion ne touchait presque pas le sol et je devais traverser la ville avec ceci. Rendus chez nous, avec l'aide de Keith, nous déchargeons les morceaux. Après une dizaine de charges, je réalise que le risque d'une amende par la police ou un accident ne valait pas le coût, alors je trouve un camion semi-remorque pour venir chercher le bois. Je vais voir mon gars au CN et lui explique mon dilemme. Il me dit de venir à quinze heures et qu'il aurait son gros tracteur pour charger le semi. Comme prévu, le semi arrive au CN à l'heure et voilà ce gros tracteur muni d'une fourche pour ramasser les traverses et deux autres gars pour aider. La vraie *union*. Dans le temps de le dire, le camion fut chargé. Leur cour était propre et moi j'avais un trésor. Pour deux cents dollars, j'avais un gros tas de traverses. Je devais retourner chercher une autre charge, mais pour une raison ou une autre, ça ne s'est pas produit.

Peu de temps après, il y eut un scandale au CN alors le reste du projet est tombé à l'eau. Même si mon rêve de chemin de fer a été tabletté pour l'instant, je me sers de ces traverses de chemin de fer pour mes trottoirs, pour soutenir mes bâtiments et bien d'autres projets. J'espère toujours voir mon rêve renaître, mais pour le moment ce n'est pas une priorité.

Chapitre 48

Ma première chute de cheval

Un beau matin d'été, on avait des jeunes qui avaient couché chez Le Naour. À l'aube, Francine, Sonya et moi sommes partis à cheval pour aller les rencontrer. De retour, on décide de prendre une course à cheval à travers le champ à l'arrière de l'étable. J'étais sur Trixie, mon cheval arabe. Comme elle était très rapide, j'étais en avant, alors je me tourne sur ma selle pour voir si les autres me suivaient. En me retournant, je vois un fil de fer qu'André avait posé comme clôture pour séparer les champs. J'avais oublié ce détail. À ce moment, Trixie frappe la broche et commence une pirouette et voilà que je perds connaissance. J'ai raté le plaisir de me sentir voler dans les airs comme chaque fois que se produit une mésaventure du genre.

Tout à coup, je vois Francine penchée au-dessus de moi, et elle me dit de ne pas bouger, car Trixie a ses pattes sur moi. Je ne me rappelle pas comment je suis sorti de là, mais Francine et Sonya m'ont aidé à marcher à la maison. Malgré cette débarque royale, je fus de retour en selle le jour même. Je crois sincèrement que mon ange gardien doit se demander quand ce niaiseux va apprendre à être prudent.

Arthur à cheval

Chapitre 49

Ma deuxième chute de cheval

C'était probablement durant l'été 2005. Nous accueillions un groupe qui venait dans trois autobus alors Keith et moi sommes allés les rencontrer à cheval. Comme j'avais du temps, j'ai décidé de partir plus vite avec Comet, un cheval dont je ne me sers presque pas. Puisque je n'étais pas pressé, j'ai pris mon temps pour embarquer sur le cheval. À peine en place sur la selle, il commence à ruer. Ce n'était pas la première fois que j'avais affaire à un cheval qui voulait me débarquer, mais je n'étais pas du tout prêt, alors après quelques secousses, je suis tombé le long d'une clôture près de l'étable. Encore une fois, je n'ai pas pu jouir de la chute, car j'ai perdu connaissance. Lorsque je me suis réveillé, j'étais étendu sur le dos, tout juste hors de portée des pattes arrière du cheval. Il a dû s'apercevoir que j'étais réveillé, car il partit. Je me suis relevé, mais ô comme ça faisait mal! Lorsque Keith m'a rejoint, je lui ai demandé de me prêter Mystique, le cheval qu'il montait.

On part pour aller se placer au sommet d'une butte dans le champ de René Labrecque. Lorsque les autobus arrivent, on part au galop à leur rencontre. Arrivé près d'un autobus, mon cheval se monte sur les pattes arrière, mais lorsqu'il est retombé sur les pattes du devant, l'impact m'a donné comme un coup de foudre sur les épaules et le dos. Je suis tombé couché sur le devant de la selle et j'ai dit à Keith qu'il fallait retourner à la maison en vitesse. Au grand galop, ne pouvant conduire mon cheval, penché sur le devant de la selle comme j'étais, ce fut le plus long trajet à cheval de ma vie. Avec l'aide de Keith, j'ai débarqué, mais *the show must go on.*

Comment j'ai fait pour conduire mon groupe avec le *rack* à foin et faire semblant que tout allait bien, je l'ignore.

C'est alors que je me suis aperçu que je ne pouvais pas lever le bras gauche plus haut que la mi-corps. Une fois, lorsque Keith donnait des promenades à cheval, la bête que je tenais par la bride se lève brusquement la tête, ce qui a tiré mon bras gauche vers le haut. Le mal était si intense qu'il m'a jeté au sol et, penché sur moi-même, des larmes de douleur me roulaient sur les joues. Devant une trentaine de personnes qui nous regardaient faire, je me disais que je devais me relever. Il a bien fallu trois ou quatre minutes, qui ont paru très longues, avant que la douleur diminue. Tout l'été, j'ai appris à vivre avec cette infirmité, mais à tout bout de champ, j'oubliais mon état et chaque fois, la douleur atroce me pliait en deux.

À l'hiver, j'ai décidé d'aller voir mon médecin. Après tous les examens, il n'a rien trouvé d'anormal, alors je suis allé consulter un médecin sportif. Encore une fois, aucun diagnostic, et je suis référé à un physiothérapeute. Pour quarante dollars par visite, ce dernier finit par m'annoncer que mon bras va « geler » progressivement et qu'il est probable qu'au cours des années, j'arrive à ne plus pouvoir m'en servir. Finalement, je décide d'aller voir un acupuncteur, sans meilleur résultat.

Un bon jour, au mois d'avril, je réalise que j'avais levé le bras en l'air sans ressentir de douleur. Je n'ai jamais eu mal depuis et mon bras s'est rétabli complètement. Pour moi, c'était un miracle et je remercie souvent le Bon Dieu.

Chapitre 50

Ma troisième chute de cheval

En 2007, j'ai recommencé à faire de l'équitation. Comme de raison, Thérèse ne voulait plus que je monte à cheval, car elle croyait que j'étais trop vieux et que le risque était trop grand que je me fasse mal encore une fois.

Un jour, lorsque nous recevions un groupe qui arrivait en autobus, je demande à Keith de préparer mon cheval Tempête afin d'aller au-devant de l'autobus. Ceci fut fait sans avertir Thérèse.

Lorsque nous allons à la rencontre des groupes, nos chevaux tremblent et s'excitent, aussitôt qu'ils voient les autobus au loin. *The show is on.* D'habitude, je descends de mon cheval et le fais tenir par un des passagers pendant que je monte dans l'autobus et examine tout le monde pour m'assurer qu'il n'y a pas de voyous et que tout le monde se conduit bien. C'est contre la loi (la loi du shérif de Champêtre County) de se tenir les mains ou d'avoir le bras autour d'une femme, par exemple, et autres règles du genre.

Ce jour-là, je n'aurais jamais dû laisser mon cheval, car il était surexcité, mais je n'ai pas écouté mon intuition. Lorsque je reprends mon cheval, je le fais pivoter face à l'autobus. Puis, je place mon pied gauche dans l'étrier, saisis la corne de la selle, et lorsque mon cheval tourne pour retourner à la maison, ce mouvement me projette sur la selle. Nous avons dû faire de 0 à 65 km/h en deux secondes.

Mon autre pied n'était pas dans l'étrier, mais pas de panique, j'ai un demi-mille pour me placer. Tout à coup, ma jument fait un pas de côté, suivi d'un autre, ce qui me fait perdre l'équilibre. Ces faux pas me font tomber du bord où je n'ai pas le pied installé. Combien de choses peuvent nous passer par la tête en si peu de temps! Est-ce que mes mains sont libres? Est-ce que mon autre pied va sortir de l'étrier? Et voilà, tout à coup, je me retrouve sur le dos en plein milieu du chemin. À cette vitesse, j'aurais dû perdre le souffle. J'aurais pu avoir des os cassés ou même, qui sait, me fracturer la colonne, mais comme si j'étais tombé sur un trampoline, je suis debout avant que l'autobus puisse arrêter. Mon cheval est parti au grand galop alors je monte dans l'autobus. Tout le monde pense que ce qui vient de se passer fait partie de la routine. Aujourd'hui encore, des personnes qui étaient dans cet autobus reviennent et me demandent si on fait encore le même tour de force. Je leur dis que non.

Comme de raison, quand Keith et Thérèse virent mon cheval entrer dans la cour avec la selle sous le ventre, ils ont eu peur. J'ai été capable de finir la journée avec le groupe, mais j'avais peur pour le lendemain. Au matin, je me réveille sans aucune douleur! Je suis convaincu que mon ange gardien s'est couché par terre pour amortir ma chute et m'a ensuite aidé à me remettre debout. C'est lui qui a dû en perdre le souffle!

Chapitre 51

L'inspecteur de la Saskatchewan Liquor and Gaming Authority (SLGA)

Depuis le début de notre entreprise, nous avons toujours eu des problèmes avec les permis d'alcool. Le dilemme était que le Saloon pouvait avoir son permis, mais du moment que nos invités sortaient dehors pour boire, c'était contre les règlements. Par chez nous, les gens vont toujours dehors avec leur boisson, alors même avec un permis, nous étions hors-la-loi. La plupart du temps, on ne s'en tracassait pas trop, mais lorsque nous avions une grosse convention ou un mariage, nous réalisions que l'inspecteur pouvait venir à tout moment et nous obliger à fermer boutique. Dans ces cas, nous faisions demande pour un permis incluant toute la cour. Toutefois, pour ce genre de demande, il fallait s'y prendre trois mois d'avance. Or, cette fois, nous accueillions une convention de quatre cents personnes et nous ne voulions aucun problème. Regina voulait bien nous accorder notre permis à la condition d'installer deux clôtures à neige, à six pieds de distance l'une de l'autre, tout autour de la cour. On répond à l'inspecteur local que l'Allemagne vient juste de jeter son mur à terre et que nous devons en bâtir un ici. Eh bien, il rapporte ceci au bureau de Regina, qui nous rappelle en riant de notre observation. Finalement, après trois mois, ils acceptent qu'on installe des enseignes *No liquor beyond this point*. Même cela est une farce, car nous sommes entourés de champs de blé de tous les côtés.

À une autre occasion, nous nous faisons inspecter et comme nous ne sommes pas entièrement en règle, j'essaie d'éloigner les inspecteurs des coins suspects. Une fois satisfaits, ils retournent à leur automobile qui est stationnée près du corral. La personne au volant de la voiture est une femme. Lorsque je vois que c'est elle qui va conduire, je lui dis qu'à Champêtre County, c'est contre la loi qu'une femme conduise s'il y a un homme présent, et étant donné que c'est un officier de la loi qui parle à un autre officier, elle peut faire ce qu'elle veut, mais qu'elle contrevient à la loi. Elle me répond que la voiture lui appartient. Je lui dis que ça ne fait pas de différence. Comme elle continue vers la porte du chauffeur, je la suis pour lui ouvrir la porte quand tout à coup elle jette les clés à son partenaire et dit : « *Ok, you drive* ».

J'avais un peu peur de pousser mes règlements trop loin, mais la loi c'est la loi, ne pensez-vous pas?

Quelques semaines après la défaite du gouvernement NPD aux mains du Saskatchewan Party, nous recevons un appel de la SLGA de Regina dans le but d'organiser une rencontre avec nous, pour résoudre le problème des permis d'alcool. Quatre fonctionnaires se présentent, trois de Regina et un de Saskatoon. En entrant, l'officier de Regina me montre ses clés et me dit en riant que c'est lui qui conduit. Notre règlement avait fait le tour de la Saskatchewan!

Lors de cette rencontre, nous avons réalisé que notre entreprise ne figurait dans aucune des catégories de leur compétence. Comment est-ce possible? À la fin du compte, grâce à la bonne volonté de gens qui passent outre la bureaucratie, ils règlent le problème.

Chapitre 52

De bons voisins

Un été, nous hébergions trois jeunes demoiselles qui faisaient des études doctorales à l'Université de Winnipeg. Elles campaient chez nous. Leurs études portaient sur les bibittes de nos étangs.

Un bon jour, elles travaillaient sur le terrain de la FCF tout près de chez nous. Dans l'après-midi, je reçois un appel téléphonique me disant qu'elles sont prises dans la boue et me demandant si je peux venir les chercher. N'ayant aucun camion ou tracteur pour les sortir, j'y vais avec l'auto. Lorsque je les rencontre, on parle de la situation. Tout à coup, j'aperçois, sur le terrain, un camion qui se dirige vers nous. Une solution en vue. Probablement un 4x4. Lorsqu'il arrive, je descends de l'auto et vais à sa rencontre. Je lui explique la situation et lui demande s'il pourrait aider. Sa réponse est un non catégorique. Alors je lui demande si comme bon voisin, il pourrait aider. Sa réponse est toujours la même. Comme je suis habillé en shérif avec un badge et un fusil, je lui dis que dans ce cas il n'a pas le choix, car s'il refuse, je le jetterai dans ma prison. Alors, avec un sourire en coin, il consent. Je laisse les filles là et je monte avec lui chercher un câble. En chemin, je réalise que je suis avec le grand boss de la FCF et il me dit que les filles étaient dans un endroit auquel leur permis ne leur donnait pas accès.

J'essaie de lui faire comprendre que les filles pouvaient s'être perdues et qu'en réalité, ce n'est pas si grave que ça, mais pour ces individus il paraît que c'est la fin du monde.

À la fin, lui et moi nous sommes quittés en bons termes; il a même demandé si je voulais un permis pour aller sur le terrain avec mes chevaux, mais j'ai refusé en disant qu'un shérif va où il doit aller.

Par contre, les filles se sont fait taper sur les doigts.

Deux semaines plus tard, deux hommes arrivent à pied. Ils sont pris eux aussi dans la boue et veulent de l'aide. Je leur dis que je n'ai pas de permis pour aller sur le terrain avec un tracteur. Je dis ceci pour me moquer un peu de leurs règlements. Par contre, pour montrer que comme bon voisin on peut s'entraider, je suis allé chercher le tracteur de mon frère et je les ai sortis! Il a fallu qu'ils réparent toutes les traces des roues de tracteur.

Quand on a affaire à la bureaucratie, la vie n'est jamais simple!

Chapitre 53

La paroisse

Comme j'étais épuisé mentalement, l'année 1988 fut ma dernière année d'implication dans la francophonie et dans ma communauté. Dorénavant, mes énergies devaient être dépensées au profit de notre nouvelle entreprise.

Cependant, en 2000, je remarquais que notre paroisse avait atteint un plateau. Les choses se faisaient, mais il me semblait que les paroissiens manquaient d'enthousiasme. Puis, je me suis rappelé avoir assisté dans ma jeunesse à une réunion du Wheat Pool[12] à Vonda. La grosse association du Wheat Pool voulait fermer l'élévateur à grains dans ce petit village. Tous les fermiers étaient frustrés; les gens disaient que le gérant était efficace et qu'il n'y avait aucune raison de fermer l'élévateur. Une semaine avant, j'avais transporté une charge de blé à Vonda. Ce qui m'avait le plus frappé était le service pitoyable offert par le gérant. Avec un service comme celui-là, les agriculteurs n'avaient pas d'autres choix que de porter leur récolte chez une autre compagnie d'élévateur. Résultat : il n'y avait plus assez de grain pour faire vivre l'élévateur du Wheat Pool. J'ai réalisé à cette occasion que la façon la plus facile de tuer une entreprise était d'offrir un mauvais service. Les gens, au lieu de critiquer l'agent, se sont soulevés contre la grosse compagnie. Cause perdue, l'élévateur fut fermé.

12 Wheat Pool : coopérative provinciale des producteurs de blé de la Saskatchewan.

Ceci me ramène à notre paroisse. Je réalisais que les paroissiens ne voulaient pas critiquer ou s'opposer au Conseil, mais que la participation et l'intérêt diminuaient. Je voyais que bientôt, l'évêque pourrait fermer notre paroisse à cause du manque de vitalité et qu'alors, ce serait lui qu'on critiquerait. Pendant un an, je me suis questionné sur la solution à ce problème. Je ne voulais pas m'impliquer, car j'avais été échaudé dans le passé et je ne voulais pas revivre cette expérience, mais une voix intérieure me disait de plonger. Ce fut une année difficile. Un combat intérieur. Qui étais-je? Qu'est-ce que je pouvais faire de plus? Est-ce que la paroisse m'appuierait? Finalement, le samedi avant la réunion annuelle, j'annonce à Thérèse que je me présente comme président et ce soir-là, je téléphone à la présidente de la paroisse pour lui annoncer ma décision.

La présidente, surprise, me demande si elle ne fait pas un bon travail. J'admets que je n'ai pas dit la vérité, mais je lui réponds que j'ai deux ans de libres à mettre au service de la communauté. Fin de la conversation; elle raccroche. Ironiquement, cette dame, maintenant présidente depuis au moins huit ans, demandait depuis longtemps un remplaçant à qui passer le flambeau; et voilà que quelqu'un offre ses services et elle est désappointée.

Le lendemain, à la réunion, elle ne se présente pas, mais une autre femme est nommée. À mon avis, c'était une femme très aimable, mais sans aucune qualité de leadership. Je devinais que le tout avait été manigancé. Il y eut des élections et je fus élu; j'aurais dû être content, mais j'ai senti un poids tomber sur mes épaules. Qu'est-ce que j'avais fait?

Après la réunion, quelqu'un demande qui replacerait les

chaises. Le mari de la présidente sortante répond : « Le nouveau président ». Oh là là!

Au nouveau Conseil siégeaient avec moi, mon frère André, ma fille Brigitte, mon gendre Marcel, ma tante Evelyn, Carol Leblanc une cousine par alliance et Lucille Leblanc.

À notre première réunion, je leur parle des changements que je veux apporter. Tous les membres sont enthousiastes, mais je les avertis que si l'on entreprend ces changements, le démon viendrait sûrement nous mettre des bâtons dans les roues.

Depuis un bout de temps, Raymond Caron, qui avait dirigé la chorale pendant trente-cinq ans, voulait un remplaçant, mais personne ne s'était présenté. Je parle à Brigitte et lui demande si elle consentirait à remplacer Raymond. Après réflexion, elle accepte, mais m'avertit qu'elle veut que Keith l'accompagne et qu'il n'y aurait plus de chorale formelle, car avec ses enfants et l'entreprise, elle n'aurait pas le temps de tenir des répétitions régulières. Souvent, c'est à minuit le samedi soir que Brigitte et Keith se préparent pour la messe dominicale. J'accepte et je vais voir Raymond pour l'avertir. Il est content, car sa voix est finie. Quant à l'organiste, elle n'est pas si enchantée.

Peu de temps après, c'est Pâques, la plus grande fête liturgique de l'année, et celle qui demande le plus de préparatifs. Je suis débordé et seul à tout préparer. Il faut que je coure pour trouver et apporter tout ce dont le prêtre aura besoin. J'ai beaucoup prié et tout s'est bien déroulé. Petit à petit, je m'aperçois qu'une certaine personne, qui est connue comme très chrétienne, s'est tournée totalement contre moi. Je me questionne. Qu'est-ce que je fais de mal?

Durant la première année, nous accomplissons beaucoup et tout va bien jusqu'à ce que le diable se faufile dans la situation pour créer du désaccord entre les membres du Conseil. Ceux-ci, qui, au début, avaient accepté mon plan avec enthousiasme, ne sont plus unis.

Brigitte voulait des livres de chant pour l'assemblée au lieu de faire des photocopies, ce qui est illégal si tu n'as pas obtenu les droits d'auteur. Le Conseil accepte. Raymond, plus tard, me dit qu'il avait fait cette même demande dans le passé, mais que le Conseil l'avait toujours ridiculisé de sa fausse pudeur. Il est content pour la chorale, mais certaines personnes commencent à nous avertir que nous ne devrions pas dépenser l'argent de la paroisse si librement. Après tout, nous avons seulement vingt-sept mille dollars en banque!

Un autre problème fut l'élection des ministres d'Eucharistie. Ceux-ci avaient été nommés pour un terme de deux ans, mais ils étaient maintenant plus permanents que le curé. Je voulais donner le privilège de devenir ministres d'Eucharistie aux jeunes de vingt à cinquante ans. J'en parle à notre curé et il est d'accord, mais c'est lui qui doit avoir le dernier mot. Encore une fois, on s'attendrait à ce que ces aînés de soixante-dix ans et plus aient été heureux que les jeunes veuillent participer. Eh bien, mis à part un homme qui céda sa place sans causer d'histoire, ce fut comme si on voulait détrôner le pape en personne. Il a même fallu que l'abbé intervienne pour calmer les esprits et ceci à mes dépens. Mais encore une fois le temps a fait son travail et le changement fut fait.

La chose qui m'a marqué le plus fut durant une réunion du Conseil. J'avais suggéré d'organiser une procession avec le saint Sacrement et la statue de la Sainte Vierge en nous rendant au cimetière. J'avais décrit tout le processus et ce fut accepté à l'unanimité. La réunion finissait; il était neuf heures du soir. Tout à coup, je me fais reprocher d'avoir tout organisé moi-même. André répond qu'il est très content que j'aie planifié le tout, car lui n'aurait pas eu le temps. Parle, parle, discute, discute, si bien qu'à une heure du matin, nous n'avions pas encore réussi à nous entendre. La procession eut lieu et tout s'est bien déroulé.

Pour moi, la situation devenait de plus en plus difficile. Laurent Lizée, mon beau-frère, qui se mourait du cancer et qui demeurait chez nous, fut celui qui m'encouragea. La vie est drôle. C'est moi qui aurais dû le supporter et malgré sa mort imminente, c'est lui qui m'empêcha de tomber dans la dépression.

Cet été-là, une corvée fut organisée pour nettoyer l'église, les arbres, le cimetière et même le Centre. Il y eut des critiques au début, mais la journée fut planifiée. J'avais mon véhicule tout terrain (VTT) pour aller d'un endroit à l'autre. J'avais nommé un contremaître pour chaque lieu de travail. On installa d'autres barres de fer à travers l'église pour être certain qu'elle ne s'effondre pas. Keith huila la toiture de l'église, la cheminée fut réparée, les endroits où la peinture s'écaillait furent repeints. Les arbres et les caraganas en bas de l'église furent taillés et débarrassés des branches mortes. Au Centre, on arracha les lilas qui cachaient les sapins. Au cimetière, je ne pus trouver personne comme contremaître, car personne ne voulait toucher aux tombes ou monuments. Alors à un groupe de travailleurs, dont Roseline Hounjet, son mari Denis et John Garnet, j'annonce que c'est moi qui prends les décisions. Pas de problème. On redresse les monuments qui menacent de tomber. On remplit les fosses dont le sol s'est affaissé et nous enlevons plusieurs couvercles de plastique qui recouvrent certaines fosses.

Ce jour-là, nous avions des paroissiens de sept à soixante ans pour nous aider : des personnes ayant toujours habité Saint-Denis et d'autres venant tout juste d'arriver. De neuf heures du matin à huit heures du soir, tous ont travaillé fort. Nous avons fini avec une bonne bière, et dans tout le groupe la satisfaction et la paix qui provient d'un travail bien fait. Comme dit mon beau-frère Michel : « Il y a seulement Arthur qui aurait pu faire ça ».

À un certain point, j'ai même demandé à deux des conseillères de démissionner, mais peine perdue. Pour empirer la situation, Laurent, mon frère et sa femme Berthe se séparent, et Berthe veut vivre au presbytère. Comme de raison, Berthe fait des rénovations à son goût. Je l'avertis que nous ne payons pour aucune dépense et Marcel dresse un contrat pour le loyer. Malgré tout, je me fais accuser de manigancer je ne sais quoi d'autre et ceci continue à chaque réunion. Ensuite Keith voulait un clavier électrique pour l'église ainsi que des micros pour Brigitte et les autres chantres. Quatre mille dollars! La fin du monde! Après beaucoup de pourparlers, nous réussissons à négocier que si nous amassons trois mille dollars en dons, nous pourrons l'acheter. Mon père me dit de lui laisser ça entre les mains. Il fit accepter par la famille que la succession du grand-père Clotaire donnerait mille dollars si nous ramassions trois mille dollars dans la paroisse. Ceux contre le projet, croyant ceci impossible à réaliser, acceptent. Eh bien, même si la moitié de la paroisse ne donna rien, les trois mille dollars furent recueillis et le piano, les microphones et le reste de l'équipement furent achetés sans aucune dépense de la paroisse.

À la prochaine réunion annuelle, quelqu'un m'avertit que je ne peux pas continuer à dépenser comme je le fais, car je vais ruiner la paroisse. Pour ma part, je ne peux voir pourquoi le monde donnerait de l'argent à la paroisse si nous ne dépensons rien. En tous les cas, à cette réunion, deux des membres du Conseil furent remplacés.

Pendant que j'étais président du Conseil à Saint-Denis, Bernard Hamoline était président à Vonda. J'étais un homme de décision et un rêveur; Bernard était un homme de prière, de foi intense. Nous nous entendions très bien. Durant une réunion de la Trinité, je suggère d'organiser des heures d'adoration de la messe du Jeudi saint, jusqu'à trois heures de l'après-midi le Vendredi saint. Bernard prit l'idée en main et depuis ce temps-là, nous avons souvent, dans la Trinité, des heures d'adoration qui durent jusqu'à cinquante heures de suite. Une autre fois, la réunion de la Trinité étant à Saint-Denis, je présidais. Tout à coup, une dame commence à se plaindre d'un certain personnage de Saint-Denis qui agit supposément comme un dictateur. Je me sentais visé et je suis certain que tout le monde le sentait aussi. Que faire? Comment répondre? Quand elle eut fini, je demande à Bernard de répondre. Je ne sais ce qu'il a dit, mais au moins le Saint-Esprit m'a empêché de retourner feu pour feu.

Une autre fois, j'étais à une réunion du diocèse quand l'abbé Bernard de Margerie (frère de ma voisine Monique et curé de Saskatoon) s'approche et me dit « Arthur sois paisible, sois paisible ». Apparemment ma réputation s'étend loin. Ceci me fit réfléchir, mais après réflexion, je me suis dit que Raymond Caron avait un caractère paisible, mais qu'il n'avait pu arrêter les copies illégales des chants d'Église, et bien d'autres choses n'avaient pas été accomplies. Jésus a dit : « Ne croyez pas que je sois venu apporter la paix sur la terre; [...] Car je suis venu mettre la division entre l'homme et son père, entre la fille et sa mère, entre la belle-fille et sa belle-mère; [...]. » (Mt 10, 34-36)

Après cette année d'enfer, les choses s'améliorent et l'on peut avancer. On organise des retraites paroissiales, des séances d'études pour les adolescents, et dès le début, chaque premier vendredi du mois est passé en adoration pour dix heures d'affilée, suivi de la messe et du sacrement de réconciliation. Je demande aux aînés de payer chacun cent dix dollars pour les dépenses du prêtre. Le matin, il venait exposer le Saint Sacrement et le soir à vingt et une heures, nous avions la messe. À la fin de l'année, je demande si nous continuons et ce sont les jeunes qui disent oui. Aujourd'hui, Bernard Hamoline, de Vonda, affirme que c'est grâce à ces nombreuses heures d'adoration que les trois paroisses de la Trinité travaillent bien ensemble. Lorsqu'on réalise que huit ans plus tard, ces traditions continuent, on peut observer les miracles accomplis par la prière. Les retraites de jeunes et les retraites paroissiales ont coûté très cher, mais comme pour le premier vendredi du mois, nous trouvions toujours l'argent qu'il nous fallait pour défrayer les dépenses. Oui, le Seigneur est bon. Depuis ces humbles débuts, les trois paroisses de la Trinité travaillent toujours au rapprochement des paroissiens à Dieu. Je crois qu'il y a eu des guérisons de corps, d'âmes et peut-être même verrons-nous naître des vocations au sein de nos communautés.

En fait de finances, au lieu de diminuer, les paroissiens donnent de plus en plus au diocèse et aux organismes de bienfaisance. Nous organisons des voyages pour les jeunes à *World Youth Day*. Nos jeunes qui se marient, qui pensent à la vie religieuse ou au sacerdoce sont de plus en plus convaincus.

Après quatre années consacrées à la vie pastorale de ma paroisse, je me retire pour laisser la place à Roseline. Elle est très capable et il est bon que le guerrier se retire pour céder sa place à une personne de paix.

Pendant ces années, je crois que Dieu s'est servi de moi, outil très peu raffiné, et je suis heureux, en toute humilité, d'avoir accepté malgré mes craintes. Aujourd'hui, je suis bien plus prêt à rendre de petits services pour faciliter la vie de nos dirigeants. Le don que Dieu m'a fait est de pouvoir prier avec plus de ferveur et de vivre ma vie chrétienne avec encore plus de profondeur et de sincérité.

L'église de Saint-Denis
Source : *Saskatchewan et ses attraits*, Conseil de la Coopération de la Saskatchewan

Chapitre 54

Nicolas

Né après l'audience en cour pour l'assurance-chômage, le 12 mars 1998, Nicolas est le premier-né de nos petits-enfants. Sa mère Brigitte voulait accoucher à la maison ou au Saloon où elle habitait avec Keith, mais les sages-femmes lui recommandèrent d'aller à l'hôpital en cas de complication.

Un jour, Francine, Sonya et moi étions allés, avec nos chevaux, aider André à déménager ses animaux de parc. Une fois ce travail terminé, Thérèse arrive avec Nicolas, âgé de sept ou huit mois. Je demande à Thérèse si je peux prendre le bébé.

Je l'embarque à cheval devant moi et nous partons tous les deux. Après un certain temps, le trot devient un galop. À ce moment, j'entends Nicolas faire du bruit alors j'arrête, car je pense qu'il pleure. Mais non, il rit aux éclats. Alors, nous repartons au galop. Revenu à la maison, je m'aperçois que les parents n'ont pas trouvé mon escapade drôle et je me fais dire de ne pas recommencer. C'est ma première fois à me faire disputer, mais certainement pas la dernière!

***

Nicolas est curieux. Lorsqu'il avait deux ou trois ans, un jour, il ne se présente pas pour dîner. Après un certain temps, nous partons tous à sa recherche. La cour est grande et nous n'avons aucun succès. Presque en panique, Brigitte et moi décidons d'aller voir les chevaux au bas de la colline. Nicolas est là, sous une grosse jument belge. Il lui frotte le ventre et les autres chevaux entourent Nicolas. Il rit. Comme on ne veut pas faire peur aux chevaux, nous devons attirer l'attention de Nicolas et lui faire signe de venir.

Une autre fois, à l'automne, nous avions creusé des trous de douze pouces de diamètre par trois pieds de profondeur, pour installer de gros poteaux à l'entrée de la cour. J'étais au milieu de la cour quand j'entends Nicolas pleurer. Je cherche partout, mais ne le trouve pas. En écoutant d'où vient le bruit, je réalise qu'il provient de l'entrée de la cour. Tout à coup je vois les cheveux blonds de Nicolas. Il avait glissé dans un des trous et ne pouvait pas en ressortir. C'était un petit gars très content lorsque je suis arrivé à son secours!

D'un an à trois ans, Nicolas venait toujours avec moi sur le traîneau quand je donnais des promenades, mais il était assis en arrière sur le toboggan. Que ce soit le jour ou le soir, il pouvait rester là sans problème pendant des heures. Les gens n'en croyaient pas leurs yeux. Quelques fois, ils me disaient d'arrêter, car Nicolas pleurait. Alors j'arrêtais pour trouver Nicolas couvert de neige et riant comme un petit fou. Lorsqu'on avait fini la tournée, en retournant à l'étable, j'essayais de faire tomber Nicolas en tournant très abruptement, mais c'est comme s'il était collé au traîneau.

***

Nicolas a fait ses débuts à cheval très jeune. Dès l'âge de six ans, il nous aide pour l'activité *Western Relay* où l'on se sert de mon cheval, Trixie. Après l'activité, on installe Nicolas sur le cheval et Trixie retourne lentement à l'étable. Une fois, Trixie part au trot, puis au petit galop. Keith et moi restons surpris et nous partons à la course sachant que le cheval doit passer par-dessus le trottoir. Arrivant là, nous voyons Nicolas à terre, en larmes. Il s'était tenu avec la corne de la selle, mais lorsque Trixie sauta par-dessus le trottoir, il était tombé. Des larmes mélangées au sang, il avait une mine pitoyable. Je lui demande ce que nous devrions faire. À travers de gros sanglots, il me demande de le remettre sur le cheval et me dit qu'il va devenir *rougher and tougher* la prochaine fois.

Après cette aventure, il continue à faire de l'équitation et à l'âge de dix ou onze ans, il monte sur Mystique, un cheval plus fringant et plus rapide. À deux reprises, il perd le contrôle du cheval, qui revient à plein galop. Ceci n'est pas trop mal, mais une autre fois, lorsque le cheval passe sous un arbre et une branche accroche Nicolas, c'est la grande chute. Encore une fois, à entendre ses cris de mort, mon cœur passe près d'arrêter. Mais à part quelques coupures, et un peu de sang mélangé à la terre, Nicolas s'en sort bien.

***

À l'âge de six ans, son père lui montre comment construire une hutte avec du foin. Cet automne-là, pendant une semaine, Nicolas part chaque jour et va dans les arbres de l'autre bord du chemin bâtir sa hutte. Une fois celle-ci terminée, il invite Benjamin, son petit frère âgé de cinq ans, à venir avec lui passer la nuit. Nous sommes au mois d'octobre, il fait peut-être cinq degrés Celsius. Ils partent avec leur sac de couchage. À sept heures le lendemain matin, ils reviennent. Nicolas et Benjamin n'avaient pas eu chaud, mais malgré le froid et le hurlement des coyotes, ils étaient restés toute la nuit.

Lorsque je coupais du bois avec ma scie mécanique dans la cour en arrière, Nicolas me regardait. Tout à coup il part, ce qui n'a rien de surprenant à cet âge. Cinq minutes plus tard, il revient, pose des lunettes de sécurité par terre près de moi et repart sans rien dire.

***

À Saint-Denis, la veille de Noël, pendant trois années consécutives, nous avions eu la messe de minuit à huit heures du soir. Malgré les protestations de Thérèse, Nicolas et moi partions en traîneau, en pleine noirceur, pour nous rendre à l'église. Quel évènement inoubliable! Après la messe, en retournant à la maison, le traîneau était plein de monde, en majorité des enfants. On finissait par avoir plus de monde que prévu pour le réveillon, mais comme d'habitude, ce n'était pas la nourriture qui manquait. Une fois, même ma mère, âgée de soixante-quinze ans, est revenue avec nous en traîneau.

***

Un jour, alors que Nicolas avait peut-être neuf ans, je lui demande de venir m'aider. C'était au mois de février. Il faisait très froid, avec du vent. Mon oncle Clodomir était décédé et Wilfrid m'avait demandé de creuser le trou au cimetière pour déposer l'urne de celui-ci, dont le corps devait être incinéré. Un trou d'un pied par un pied, et deux pieds de profondeur. Une affaire de rien. Mais avec le grand froid, mes cruches de propane ont gelé très vite, alors ce qui aurait dû être facile est devenu très difficile et urgent. À huit heures du soir, j'avais besoin de Nicolas pour tenir la lampe de poche. Après un bon moment à me regarder creuser avec mes mains et une petite pelle, il me tape sur l'épaule et me demande comment j'allais faire pour mettre oncle Clodomir dans ce petit trou puisque mémère avait eu besoin d'un gros trou pour son enterrement. Je lui demande d'attendre et que je lui expliquerais tout dans le camion. Tout en nous réchauffant, je lui explique la différence entre incinération et enterrement du corps. Il semble comprendre. À la fin, je lui dis que, lorsque je mourrai, je veux être enterré avec mon corps et que je veux que ce soit lui qui creuse la fosse. On retourne creuser et tout à coup Nicolas me tape sur l'épaule et me dit que dans ce cas, il serait préférable que je meure durant l'été!

***

Cet été-là, il y avait un Congrès eucharistique à Montréal. En préparation de ce grand évènement, l'Arche de la Nouvelle Alliance faisait la tournée du Canada et était venue à Saint-Denis. L'arche était exposée dans notre église de minuit à neuf heures du matin. J'en avais parlé à Nicolas en lui disant qu'il devrait venir, car c'était une occasion exceptionnelle. Le matin, Brigitte et Keith partent à six heures pour aller faire une heure d'adoration. Les enfants restent au lit. À sept heures quarante-cinq, Thérèse et moi partons. Je regarde vers la maison de Brigitte et Keith, et il n'y a pas de lumière, alors nous assumons que la famille est partie. Les jeunes nous voient partir et réalisent qu'ils ne pourront pas se rendre à Saint-Denis. Alors ils se mettent à pleurer. Après un certain temps, Nicolas décide qu'il va prendre sa bicyclette et se rendre à St- Denis. Il fait froid et le vent nous fouette la pluie en pleine figure. À notre surprise, nous voyons Nicolas entrer dans l'église à huit heures trente et aller s'agenouiller en avant. Quelle détermination!

***

Lors d'une de nos activités, Nicolas, âgé de neuf ans, jouait avec une dame pour voir qui pouvait dégainer son fusil le plus vite : Nicolas avait son étui et son fusil et la dame, son téléphone portatif. Des fois Nicolas disait : « Je t'ai eu », d'autres fois c'était la femme. Justement, je passe par là, habillé en shérif et avec mon revolver. La dame propose à Nicolas d'essayer de faire compétition avec son grand-père. Sans se retourner et en regardant la dame il lui dit : « I have a play gun. He has a real gun. »

***

Lors d'une visite avec Nicolas chez notre voisine, Louise Hath, une Amérindienne, je lui demande si elle avait un tomahawk. À sa réponse négative, je lui annonce que je lui en donnerais un. De retour à la maison, je vais chercher un seau avec une dizaine de tomahawks. J'en choisis un et tout à coup Nicolas se penche et ramasse le plus beau tomahawk et dit « Grand-papa, quand tu fais un cadeau, tu dois donner le plus beau ». Une bonne leçon d'humilité pour moi, car j'avais choisi un des moins beaux.

***

Durant un été, Keith et moi avions essayé de mettre le feu, sans succès, à des broussailles près d'un étang situé de l'autre côté du chemin. Quelques jours plus tard, je travaillais dans le

Town Hall lorsque Benjamin vient me voir et me dit quelque chose. Je ne comprends rien et continue à travailler. Il part et va voir son père au bureau. Keith a dû comprendre qu'il y avait un feu, car il sort en courant. Il me lance un cri et nous partons avec des pelles et le tracteur. Arrivés au lieu de l'incendie, nous voyons Nicolas qui transporte de l'eau jusqu'au feu avec un seau de cinq gallons, plus gros que lui. On réussit à l'éteindre. Pauvre Nicolas. Il voulait nous aider et il s'est vite aperçu, comme son grand-père dans sa jeunesse, que le feu ne respecte personne.

***

L'hiver de 2008-2009 fut très froid. Après une bonne bordée de neige au mois de janvier, comme il ne ventait pas, je décide d'aller déblayer la cour de mon père avec ma souffleuse à neige. Rendu là, je continue à nettoyer la cour de Paulette et d'Evelyn et je réalise que la cour de l'église en a aussi besoin. J'avais froid aux mains et aux pieds, mais ce n'est pas la première fois, alors je continue. Revenu à la maison, je décide de nettoyer un peu la cour. Finalement je rentre à la maison et je réalise que j'avais fait six heures d'ouvrage dehors dans le froid. Thérèse m'annonce qu'il fait -50 °C. En enlevant mes bottes et mes bas, je vois que mes pieds sont d'un bleu foncé. Je les montre à Nicolas. Après avoir regardé, il me dit « Grand-papa, il y a un prix à payer pour des stupidités » et il s'en va.

Plus d'un mois a passé avant que le picotement de mes pieds cesse et que je me sente à l'aise pour marcher.

***

Une fois après la messe à Vonda, Bernard Hamoline, Louis Bussière et moi parlions du fait que nous sommes tous appelés à être des prophètes. Nicolas, âgé de onze ans, nous écoutait et nous arrête en disant « Si on est tous appelés à être prophètes, à qui allons-nous prophétiser? »

Nicolas n'est pas un garçon qui parle et qui questionne beaucoup, mais par contre, il observe, une caractéristique qu'il tient de son père. Une fois, lorsque je travaillais à l'entrée de la cour, j'ai eu besoin du tracteur avec la pelle avant. Je demande à Nicolas de l'emmener, mais il est trop petit pour contourner les commandes de sûreté. Alors Nicolas demande à sa grand-mère qui passe par là si elle peut démarrer le tracteur. Thérèse ne sait pas quoi faire; Nicolas lui dit de s'asseoir sur le siège et lui explique ce qu'il faut faire. Une fois le tracteur en marche, il lui dit qu'elle peut s'en aller et il arrive avec le tracteur. J'embarque dans la pelle et il me monte en l'air et avance lentement pendant que je scie les planches en courbe.

***

Depuis l'âge de huit ans, Nicolas aime patiner, alors une fois le *dugout* nettoyé, il enfile ses patins puis, pendant deux à trois heures, dans un froid incroyable, il joue seul sur la glace. Parfois, j'enfile mes patins pour jouer au hockey avec lui. Les premières années, je lui montrais différentes techniques et je pouvais le contourner facilement, mais chaque année, je m'aperçois que mes jours à pouvoir le dépasser sont comptés. En 2009, je suis plus souvent le gardien de but.

Nicolas a toujours été quelqu'un qui n'avait pas peur d'être tout seul. Eh bien, à l'âge de onze ans, il est devenu très bon sur ses patins et pour lui, patiner est un plaisir. Il sait comment démarrer ma souffleuse à neige et peut, seul, nettoyer la patinoire. Pour lui, patiner tout seul pendant trois heures n'est rien. Combien de fois allume-t-il les lumières extérieures et patine-t-il jusqu'après vingt heures ? Un matin, à -25 °C, je le rencontre sur le trottoir à dix heures trente avec ses patins et son bâton de hockey en main. Je lui demande où il va. Il me dit qu'il retourne à la maison déjeuner. Il était sur la patinoire depuis sept heures quinze.

– Tes doigts doivent être gelés?

– Oh non Grand-papa, j'ai les gants que je me suis achetés avec le bon d'achat que tu m'as donné à Noël.

– Je m'en fous. À -25 °C, tu gèles!

– Non, Grand-papa, je n'ai pas froid.

Ayant vu Nicolas grandir, je crois qu'il va devenir un vrai leader; quelqu'un qui n'aura pas peur de tenir à ses convictions et qui saura réfléchir et prendre des décisions par lui-même.

Chapitre 55

Le massacre

C'est le 1er juillet 2010. Marc et Betty Gloutney de l'Île-du-Prince-Édouard, des amis de *Canadian Wildlife* depuis 1990, nous visitent avec leurs deux enfants, Patrick, neuf ans et Stéphanie, huit ans. Les jeunes avaient déjà fait de l'équitation depuis deux ans dans un environnement contrôlé et voulaient faire de l'équitation dans la nature. Il faisait beau et j'avais de l'ouvrage à faire, mais après que Patrick et Marc eurent tondu mon gazon, je me sentis obligé d'acquiescer.

Vers seize heures, je prépare les chevaux, Mystique et Tempête. Je leur donne une vraie leçon sur le comportement des chevaux. Une fois les chevaux sellés, Patrick refuse, car il s'aperçoit que j'allais tenir son cheval. Après un certain temps, son père le convainc d'aller. Il embarque en boudant. Je lui dis qu'il me fait peur et que ça ne me tente pas de partir. Finalement, nous sommes prêts.

Vers dix-sept heures, j'annonce dans quelle direction je me rends et que je devrais être de retour dans une heure. On part à travers le champ. À cause d'une pluie d'un pouce trois quarts, la veille, il y avait de l'eau et de la boue partout. Patrick semblait à l'aise, peut-être trop à mon goût. Après un mille et demi, je fais un grand détour pour revenir. On fait un peu de galop, pas de problème. Un peu plus loin, il y a une longue butte alors on s'y rend au galop. Je trouve qu'on va trop vite alors j'essaie de ralentir mon cheval : je m'aperçois qu'il refuse. Je tire fort avec ordre d'arrêter, mais il accélère. Entre l'effort d'arrêter mon cheval, calmer Patrick et tenir son cheval, j'ai les mains pleines. Tout à coup, mon pied gauche sort de l'étrier et en plus j'échappe la corde de l'autre cheval. Avec seulement un pied dans l'étrier, je ne parviens pas à rattraper les rênes de Tempête, qui ne réalise pas qu'il est libre et me suit. Je savais qu'il me faudrait, dans un dernier effort, remettre mon pied dans l'étrier. Même si nous étions emportés au grand galop, je me penche du côté gauche afin de tenter de remettre mon pied. À ce même moment nous arrivons près d'une mare d'eau alors mon cheval Mystique fait un bon par-dessus. Le devant de mon corps heurte la selle et j'entends l'os de mon bassin craquer. Je réalise que si je me remettais en selle, j'étais fini et il me serait impossible d'aider Patrick sans aggraver mon cas. Je me laisse alors glisser sur le côté du cheval et tombe sur le dos dans la boue, les quatre fers en l'air. Mon cheval fait plusieurs pas de côté pour m'éviter et continue au galop à travers le champ. En tombant, je me retourne pour voir où est Patrick. Au même instant, je vois Tempête qui s'est arrêté et se retourne lui aussi pour me voir. Je n'en croyais pas mes yeux et je regardais pour voir si mon ange gardien le tenait par la bride. Profitant de la chance, je crie à Patrick de sauter en bas. Il a sauté comme un vrai cow-boy et Tempête repart aussitôt au galop à la poursuite de Mystique. Quel miracle que Tempête, qui était parti au galop dans une direction opposée, tout à coup se retrouve arrêté près de moi tout juste assez longtemps pour permettre à Patrick de descendre. Incroyable!

J'essaie de me relever, mais je peux seulement marcher à quatre pattes. Patrick me dit de ne pas grouiller et je réalise qu'on est à deux milles de la maison. Dans mon état, impossible d'y retourner. Patrick offre d'aller chercher de l'aide, mais je lui dis que les chevaux vont retourner à la maison et que l'aide va arriver. Il faut juste être patient. J'avais tellement soif que je mâchais les plantes de blé pour en extraire le jus.

Pendant ce temps nos deux chevaux arrivent à la maison au grand galop. Je peux imaginer la peur des parents et de la famille. Ils appellent Keith chez lui. Il vient, reprend Mystique, suit les traces des chevaux et Marc le suit avec le véhicule tout-terrain. Ils nous ont aperçus assez vite grâce au manteau orange de Patrick, mais à cause de l'eau, ils ont dû faire un grand détour. Arrivé sur scène, le VTT ne voulait pas repartir. Après un certain temps, il démarre. J'essaie de me lever : impossible. Je peux seulement rester étendu à l'arrière du véhicule avec Patrick pour me tenir pendant que son père conduit. Keith, à cheval, trouve le meilleur chemin pour passer à travers les ruisseaux et les flaques. Un trajet de deux milles pour moi et mon bassin fracturé, sur un VTT à travers un champ de boue, avec tous les cahots, me ramène à la maison. Encore une fois, je suis surpris de ne pas avoir souffert beaucoup.

Une fois à la maison, je demande de l'eau. Keith refuse, mais j'ordonne à Francine de m'en apporter. J'ai bu trois grands verres d'affilée. Ensuite, ils devaient me transporter sur le *stretcher*. Eh bien, malgré tous les efforts possibles, je ne pouvais m'empêcher de crier de douleur. Je ne sais pas combien de temps il a fallu avant que je sois positionné sur le *stretcher*, mais grâce à l'aide de Keith, Nicolas, Todd et Marc, ils ont réussi. Keith a voulu m'attacher, mais je l'ai averti que s'il essayait, je l'étendrais à terre. Ma menace doit avoir fait peur à Keith, car malgré son éducation de *First Responder* (premier répondant), il ne m'attacha pas. Ils me placèrent dans la fourgonnette et avec Keith à mes côtés comme garde-malade et Francine au volant, on se rendit à l'hôpital.

À l'hôpital, je suis transféré sur un autre lit, mais cette fois, ils m'ont donné de la morphine. Cela aida, mais j'ai encore crié de douleur. Ensuite, ce fut le tour des aiguilles pour le soluté et la fameuse sonde urinaire dans le pénis. Je craignais ces procédures, mais j'ai pensé à mon père, qui a dû endurer ce processus chaque mois pendant trois ans, alors j'ai tenté de suivre son exemple. À partir de ce moment, je pris mon père comme modèle dans ma souffrance. À vingt-trois heures le mercredi soir, les infirmières m'avertissent que je ne serai pas opéré avant vingt heures le lendemain. Je pouvais donc manger. Stéphanie va me chercher un bon McDonald avec un Coke. Ça fait du bien!

Cette nuit-là, j'ai bien dormi et grâce au fameux tube, je n'ai pas été obligé de me réveiller pour la toilette. Au matin, même processus. Aucune boisson ou nourriture en prévision de la chirurgie. Toute la journée à attendre; mais comme j'étais fatigué, j'ai dormi presque toute la journée, autant qu'il est possible de dormir dans le bourdonnement d'activité d'un hôpital. Mis à part des occasions où les infirmières me déplaçaient, je ne souffrais pas. À vingt-trois heures, on m'annonce « pas d'opération », alors je peux manger, mais à cette heure-là, à l'hôpital, j'ai opté pour un pain grillé et un verre de jus.

Pendant ce temps, un autre cow-boy est arrivé avec la même blessure que moi. Les infirmières disaient que les accidents résultant en une fracture du bassin étaient rares. Deux cow-boys en même temps souffrant de cette blessure, c'était pour elles du jamais vu. L'autre cow-boy a souffert plus que moi.

Finalement, le samedi 3 juillet, vers treize heures, je fus opéré et à mon réveil, Thérèse était là. C'était comme si je n'avais pas dormi. J'étais complètement réveillé avec aucun effet résiduel de l'anesthésie. Le lendemain, dimanche, le physiothérapeute vient me voir et me dit que dans les quatre prochains jours je devrai apprendre à marcher avec une marchette, des béquilles, et une canne. Après l'explication, je me lève, prends la marchette dans mes mains et je commence à marcher sans aide, à la surprise de tous présents. Je monte les marches sans aucun problème. Cet après-midi-là, ils me disent de retourner à la maison et que mon corps me laisserait savoir quand j'en ferais trop. Quelle erreur! Ils ne connaissent pas ce cow-boy.

Le mardi 6 juillet, trois jours après mon opération, je coupe de l'herbe à Vonda. Mon bassin était sensible, mais une bonne nuit de sommeil va me remettre, me disais-je. Le lendemain on avait une tournée et je devais faire le *rack* à foin. En marchant vers le *rack*, je trouvais qu'il y avait un drôle de son dans le devant de mon bassin. Comme si des os frottaient l'un contre l'autre. Mais j'ignore le symptôme, et me rends au *rack*. Je m'installe pour partir. Keith attache les chevaux au wagon et tout à coup, je réalise que je suis physiquement incapable de le faire. Je reviens à la maison et après discussion avec Thérèse, elle me conduit à l'hôpital. C'est une fois rendu là, dans la salle d'attente, que ça commence à faire mal. Un cow-boy ne pleure jamais, mais sous cette nouvelle douleur quelques larmes m'échappèrent. Merci pour les médicaments qui parvinrent à soulager ma douleur. Le résultat des radiographies de mon bassin prises à cette occasion montre que la plaque installée pendant la chirurgie pour aider la guérison de la fracture s'était brisée en deux. Une fois de plus, j'ai été mis en attente pour me faire opérer.

J'ai passé presque deux jours dans le corridor. Il n'y avait pas de chambre disponible. Je devais donc composer avec l'éclairage constant directement au-dessus de moi et la circulation permanente

254

qui est le lot de toute salle d'urgence. Une chance que j'ai le don de pouvoir dormir partout, dans n'importe quelles circonstances. Et encore une autre fois, pas de nourriture ni d'eau en prévision de la chirurgie. Finalement, soit le samedi 10 ou le dimanche 11, je suis opéré de nouveau. Le lendemain, j'ai pu retourner à la maison, mais cette fois, je devais utiliser des béquilles pendant six semaines. Thérèse était en ville, mais ne pouvait pas me ramener à la maison puisque la voiture était remplie de sacs d'épicerie. J'ai dû retourner avec John Garnet, encore vêtu de ma chemisette d'hôpital.

Cette fois-ci, je fus plus prudent et je crois que le fait d'avoir été anesthésié à deux reprises eut des séquelles physiques, car je ne voulais plus manger, ni boire, prier ou lire, ou rien entreprendre de trop intense. Je n'étais pas vraiment déprimé, mais je n'avais simplement le goût de rien. En plus de tout cela, j'ai attrapé les *shingles*. C'est quelque chose de très pénible, mais grâce à Francine et la parenté Lepage, j'ai été dirigé chez le médecin. Pour que les anticorps fonctionnent, je devais commencer le médicament au plus tard trois jours après l'apparition des symptômes. Eh bien, le pharmacien a pu remplir ma prescription juste à temps. À cause de cette infection, la douleur m'empêchait d'utiliser mes béquilles.

Sans aucun goût de manger, etc., et cette maladie par-dessus tout le reste, j'ai été capable de passer six semaines sans rien faire et ne pas me sentir coupable! Au bout de six semaines, je subis un examen et mon chirurgien m'informe que tout va bien, mais me conseille quand même de faire attention. Deux jours plus tard, je tombe et recasse la plaque. Heureusement, cette fois, l'os ne s'est pas ouvert assez pour nécessiter une troisième opération, mais la conséquence fut pour moi un autre six semaines d'inactivité. Je vous assure que j'en ai lu des livres pendant cette période.

Vers le mois de novembre, la compagnie d'assurance m'a fait suivre des exercices de thérapie. Je leur disais que ma convalescence allait bien, mais que je ressentais de la douleur à un de mes testicules. Je croyais l'avoir massacré dans l'accident. Je leur disais aussi que ma jambe gauche semblait parfois vouloir lâcher. Leur réponse était que tout rentrerait dans l'ordre avec le temps.

Le 31 décembre, à huit heures du matin, j'allais à la salle de bain quand tout à coup ma jambe lâche et je tombe par terre comme une masse. Il y avait un ornement en fer à même le support pour le papier de toilette et je l'ai heurté à un demi-pouce de mon œil. Ce morceau fut projeté sous le choc et brisa la douche. Comme de raison, le sang coulait. Je n'ai pas perdu connaissance, mais cette commotion m'affecta pendant deux semaines. Mon ange gardien fut encore mis à l'épreuve.

Après cet incident, à la fin janvier, j'ai subi quelques tests et l'examen a révélé deux hernies sur le côté gauche, juste dans le bas du corps. Ceci explique le sentiment de ma jambe et la douleur au testicule. Une autre opération! Quand? Mes exercices de thérapie furent arrêtés. Comme de raison, je ne pouvais pas rester à rien faire, mais après cinq à six heures, j'étais fini. Je pouvais à peine marcher. Tout l'été fut ainsi. Dave, un voisin, me disait de ne rien faire, mais c'était plus fort que moi.

Finalement le 6 septembre, je me suis fait opérer. Six autres semaines à ne rien faire. Comme de raison, je n'écoute pas et pousse mon corps à la limite. J'ai souvent eu peur de mettre ma guérison en péril, mais les médecins semblaient satisfaits des résultats.

L'hiver maintenant arrivé, je croyais que je pourrais finalement me reposer, en espérant me rétablir pour de bon.

Malgré tout ceci, j'ai très peu souffert. Je dors mieux maintenant et j'espère être sur le bon chemin. Quelque chose de bon ressort dans chacune de nos mésaventures. J'ai vu et j'ai réalisé que Todd, Francine et Thérèse pouvaient faire fonctionner Champêtre County sans moi. C'est la première fois que j'ai réalisé que je pouvais partir sans que les choses tombent à l'eau. Bien sûr, la vie serait plus facile avec moi, mais je ne suis pas indispensable. Il a fallu que Dieu prenne les grands moyens pour me faire voir ceci. J'aurais pu apprendre plus vite, mais je crois que cet accident en a valu la peine seulement pour me le faire réaliser... deux ans et demi plus tard.

Chapitre 56

La fin

Voici, chers enfants et petits-enfants, les aventures les plus marquantes de la vie de votre papa et grand-papa, jusqu'à l'âge de soixante-six ans, en l'an 2011. Beaucoup de petits détails ont été omis. Si à certains moments j'ai l'air de me vanter un peu, sachez que ce n'était pas mon intention. Je voulais illustrer de quelle manière Dieu se sert de moi (et de nous tous) pour faire éclater Sa puissance dans nos vies, et Lui rendre gloire. Je veux souligner, ici encore, que souvent, dans des moments de crises, nous n'avons pas la présence d'esprit de faire appel à notre ange gardien, mais si nous lui donnons chaque matin la permission d'agir dans notre vie, il ne se le fera pas dire deux fois.

Si j'ai été capable de survivre à tous ces évènements, c'est grâce à mon épouse, mes parents, mes frères et vous, mes chères filles, qui ont été la main de Dieu pour me donner le soutien dont j'avais besoin. Je remercie aussi ceux qui m'ont donné du fil à retordre, car même si j'ai toujours agi selon ma conscience, en espérant que j'écoutais le Saint-Esprit, la contradiction renforce les convictions, surtout si on apprend à pardonner.

Maintenant que Francine, son époux Todd et la famille ont repris l'entreprise, je devrais être capable de passer plus de temps avec mon épouse et la famille élargie.

Chers petits-enfants et enfants dont je n'ai pas parlé : ce n'est pas un oubli de ma part, mais plutôt que les distances qui nous séparent sont grandes et m'empêchent de vous connaître plus intimement. Peut-être qu'un jour, j'écrirai un autre livre sur les petits détails de la vie de chacun de vous, ces détails qui sont si importants au fond.

Encore une fois un gros merci à Stéphanie et Monique. Sans vous cet ouvrage n'aurait jamais vu le jour.

Table des matières

Quatrième partie : Les aventures du Shérif

www.ingramcontent.com/pod-product-compliance
Lightning Source LLC
Chambersburg PA
CBHW071539200326
41519CB00021BB/6544